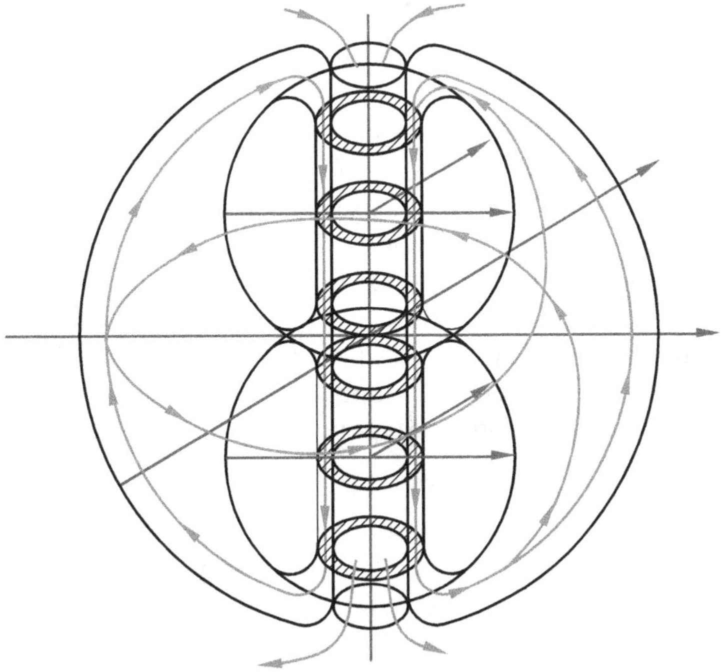

В.И.ЕЛИСЕЕВ

ОСИ КООРДИНАТ ФИЗИЧЕСКОЙ РЕАЛЬНОСТИ

Москва, 2012 г.

Книга является продолжением первой части исследований в книге “Числовое поле”. Концепция числового поля, разработанная на алгебре с законами действительных и комплексных чисел, легла в основу разработки концепции Оси координат материализованого пространстчаства.

В комплексном пространстве меняется геометрическое представление о материальной точке, линии, поверхности и так далее. Линия есть эпсилон туннель в пространстве. Точка , как пересечение линий, приобретает пространственный объём (в простейшем представлении это сфера).

Луч света есть движение материи в эпсилон туннеле со скоростью света.

ОГЛАВЛЕНИЕ

ГЛАВА 1. НОВАЯ ЗАДАЧА МАТЕМАТИЧЕСКОГО ЕСТЕСТВОЗНАНИЯ.

1.1. Переход от геометризации пространства к его метериализации

Неуклонный прогресс физики к настоящему времени поставил вопрос о совершенствовании математического аппарата так, чтобы его можно было отождествить с реальными процессами в материальном виде. Стало очевилным также, что декарто-векторное и тензорное исчисление не соответствует этой основной линии усовершенствования.

Алгебра векторного и тензорного исчисления (алгебра матриц) не является числовой алгеброй и поэтому теоретическое исследование сложных процессов физического взаимодействия осуществляется в не числовом поле. Эти алгебры не являются результатом внутреннего развития действительных чисел, а опираются на непрерывно вводимые аксиомы и дополнительные определения и операции, тем самым усложняется абстракция и результаты в лучшем случае как частный случай соответствуют реалиям.

Единственной схемой развития математического аппарата теоретической физики является усовершенствование теории функций комплексного переменного О. Коши, которая дошла до нашего времени в том виде, в котором ее оставил великий математик.

Расширение поля комплексных чисел О. Коши в N-мерное пространство с соблюдением законов алгебры действительных и комплексных чисел определяет Числовое поле, которое адекватно реальному.

Создатель квантовой механики П. А. М. Дирак [1] пытался заменить и обосновать не числовую операцию некоммутативного умножения на квантовые условия. Однако в дальнейшем он писал: ”Я бы предложил в качестве идеи, выглядевшей более обнадеживающе для улучшения квантовой механики, взять за основу теорию функций комплексной переменной. Эта область математики исключительно красива, и группа преобразований, с которой она связана, именно группа преобразований комплексной плоскости, это таже группа, что и группа Лоренца, управляющая пространством-временем специальной теории относительности. Мы приходим таким образом к подозрению, что есть какая-то глубокая связь между теорией функций комплексной переменной и пространством-временем специальной теории относительности;разработка этой связи станет трудной целью будущих исследований. ”

П. Дирак в совершенстве знал векторный и тензорный анализ, однако считал, что будущее за теорией комплексной переменной.

В современной теоретической физике операционное поле задается набором значений операционных координат (x, y, z, ct). Такой набор состоит из чисел, но сам не представляет число. Таким образом точка в пространстве не есть число. Тензоры и матрицы также не являются числами, хотя сами образованы из набора чисел.

Под Числом надо понимать математический объект, который подчиняется законам операций алгебры действительных и комплексных чисел.

Задание алгебраического поля как набор значений координат является Грубейшей ошибкой математического естествознания, так как оно не определяет структуру пространства.

Многочисленные эксперименты по столкновению двух элементарных частиц очень высоких энергий показывают, что огромная кинетическая энергия преобразуется при столкновениях в материю, порождая большое число новых элементарных частиц. В настоящее время микрочастицы классифицированы на основе их кварк-глюонного состава. Все это свидетельствует о структуризации материи. В связи с этим математический аппарат должен соответствовать этой структуризации, а накопленный экспериментальный материал дает возможность проверить любое математическое построение на это соответствие.

Теоретическая физика не обладает таким математическим аппаратом.

При задании точки как набор значений координат структура задается по гипотезе Гельмгольца-Римана в виде интервала

$$dS^2 = dx^2 + dy^2 + dz^2 \qquad 1.1$$

Интервал (1.1) характеризует геометрию Евклида и основывается на группе движений твердого тела, (интервал остается неизменным при всех вращениях твердой системы около выбранных точек).

С математической точки зрения выражение интервала не корректно, так как оно вводится, операясь на повседневный опыт, а не выводится из законов операций числовой алгебры.

Стало очевидно, что такое поле не может годиться для исследования процессов гравитации и электродинамики.

В связи с этим Пуанкаре и Минковский для набора значений координат

(x, y, z, ct) ввели интервал в виде

$$dS^2 = C^2 dt^2 - dx^2 - dy^2 - dz^2 \qquad 1.2$$

(в дальнейшем ссылки на учебники и расшифровка христоматийных формул не производится, чтобы не загружать внимание) .

Пространство с таким интервалом получило название псевдоевклидовым. Интервал (1.2) остается инвариантным в преобразованиях Лоренца, который оставил запись этих преобразований в покоординатном виде

$(x, y, z, ct) \Rightarrow (x_1, y_1, z_1, ct_1)$.

Интервал в виде (1.2) объеденил пространство-время в единое целое и стал фундаментальным принципом современной теоретической физики, что является главным содержанием теории относительности.

Однако и это выражение интервала не выводится из каких либо общих математических принципов.

СТО, ОТО А. Эйнштейна, РТГ А. Логунова являются убедительным доказательством несостоятельности математического аппарата описывать операционное поле как набор значений координат, объединенных интервалом (1.2).

В ОТО и РТГ сделана попытка откорректировать операционные координаты с помощью метрических коэффициентов q_x, q_y, q_z, q_t

$$dS^2 = q_t (Ct)^2 - q_x dx^2 - q_y dy^2 - q_z dz^2 \qquad 1.3$$

так, чтобы они соответствовали реальным физическим координатам.

Метрические коэффициенты определяются с помощью уравнения Эйнштейна и являются функциями энергии-импульса тензора материи.

Таким образом, ОТО А. Эйнштейна и РТГ А. Логунова попало в капкан грубейшей ошибки математического естествознания. Вначале задали математическое поле как набор значений координат, а затем откорректировали значение этих координат, которые в этом наборе не дают числовое поле.

Эту ситуацию проанализировал П. Дирак [1], делая попытку обосновать переход от нечислового математического аппарата к числовому и результаты сопоставить с наблюдаемыми.

К настоящему времени имеются только две Числовые системы. Это действительные и комплексные числа О. Коши.

Комплексные числа О. Коши есть внутреннее развитие теории действительных чисел и представляют их расширение в плоскость

$$z = x + iy = \rho e^{i\varphi} \qquad 1.4$$

где $i = \sqrt{-1}$ – базовая единица (мнимая единица) является числом.

В плоскости (z) выполняются все операции и законы алгебры действительных чисел.

Попытка расширения комплексных чисел в пространство натолкнулось на появление новых математических объектов – делителей нуля, свойства которых не удалось проанализировать.

Делители нуля представляют числа, не равные нулю, но в произведении дающих нуль: $a \neq 0, b \neq 0, ab = 0$.

Столкнувшить с этими объектами математика допустила грубейшую глобальную ошибку, введя некоммутативность умножения, то есть $cd = -dc$, что позволило исключить эти объекты из математического аппарата.

В дальнейшем это привело не только к ошибкам в математике, но и к математическому произволу – векторному, тензорному анализу, а также к математическому мусору в виде гиперкомплексных чисел.

П. Дирак некоммутативность умножения пытался увязать с квантовыми скачками и переходами энергии на другие уровни и по существу не вскрыл существо квантовой механики.

Квантовый скачок или переход сопровождается кроме изменения уровня энергии изменением характера взаимодействия и размерности структуры пространства.

В векторном исчислении конструкция $f = x + iy + j\zeta + k\eta$ с базовыми единицами i, j, k не представляет число, так как базовые единицы не подчиняются законам операций над числами, например нет коммутативного умножения $ij = -ji$. Поэтому расширение поля комплексных чисел О. Коши достигается снятием этого ограничения с базовых единиц.

Причем расширение достигается без введения дополнительных постулатов и гипотез в теорию О. Коши. Доказано, что извлечение корня квадратного из +1 по законам алгебре комплексных чисел О. Коши приводит дополнительно к двум новым числам $\sqrt{+1} = \sqrt{(-1)(-1)} = ij = ji$.

Если операция выполнена правильно, то некоммутативность умножения должна отсутствовать.

1.2. Новая концепция пространства

Алгебра комплексного пространства приводит к новой концепции пространства.

В результате имеем комплекс

$$\upsilon = (x + iy) + j(\zeta + i\eta) = \rho e^{i\varphi} + jre^{i\phi} = \mathrm{Re}^{iF + j\psi} \qquad 1.5$$

Комплекс подчиняется обычным операциям над действительными и комплексными числами и представляет Число.

Структура комплекса представляет систему вложенных друг в друга подпространств (можно расширить до бесконечности) разной размерности с очевидной геометрической интерпретацией.

Необходимо подчеркнуть, что модуль R при определенных условиях содержит все частные выражения интервалов (1.1), (1.2).

Комплексное пространство $\langle \upsilon \rangle$ содержит подпространство делителей нуля, которое выделяется при следующих условиях $\phi = \varphi \pm \pi / 2, \rho = r$

$$\upsilon = \rho e^{i\varphi}(1 \pm ji) = \rho e^{i\varphi}\left(\sqrt{0}\right)e^{\pm jarktgi} \qquad 1.6$$

Теоретическая физика к настоящему времени пришла к выводу, что частица есть сингулярность (именуемая полюсом) поля в пространстве моментов. Этот вывод поддается раскрытию более детально.

Преобразуем выражение (1.5), учитывая (1.6)

$$\upsilon = \mathrm{Re}^{i\varphi + j\psi} = \mathrm{Re}^{i(\varphi - \psi)} + j\left(\mathrm{Re}^{i\varphi} \sin\psi\right)\left(\sqrt{0}\right)e^{-jarktgi} \qquad 1.7$$

Оба слагаемых отождествляются с материальными свойствами частицы. Рассмотрим второе слогаемое. Подпространство светового конуса Минковского выделяется при условии равенства интервала нулю

$$dS^2 = C^2 dt^2 - dr^2 = 0 \qquad 1.8$$

Интервал в подпространстве светового конуса равен нулю.

Это одна из принципиальных ошибок теории относительности. Теория функций комплексного пространственного переменного ТФКПП, построенная на базе алгебры комплексных чисел, доказывает, что интервал нельзя рассматривать без аргументов. Корень из нуля в пространстве не равен нулю автоматически $\sqrt{0} \neq 0$, вследствии наличия сингулярного аргумента $\pm arktgi$.

Окрестность нуля радиуса $\sqrt{0}$ и сингулярный аргумент $arktgi$ создают полюса в пространстве моментов. Поэтому второе слогаемое отождествляется с зарядом

В простейшем случае $\alpha\left(\sqrt{0}\right)e^{\pm jarktgi}$ в дальнейшем обозначим $\alpha e^{\pm ji}$ и отождествим с лептонным зарядом.

Второе слогаемое в (1.7) показывает, что пространство в сингулярном полюсе разлогается на два несуммируемых подпространства в соответствии с алгеброй делителей нуля $\upsilon_d = j\rho e^{i\varphi} \pm i\rho e^{i\varphi}$.

Фактически в цилиндрических координатах имеем мнимые точки подпространства делителей нуля, как точки не имеющие суммарного радиуса.

Две координаты $j\rho e^{i\varphi}, i\rho e^{i\varphi}$ равны по величине, взаимно перпендикулярны, и имеют в окрестности начала координат разные исходные точки, повернутые относительно друг друга на угол $\pi / 2$.

В сферических координатах эти точки свертываются в цилиндрический туннель по одной из осей в сечении с радиусом $\sqrt{0}$ и сингулярным направлением.

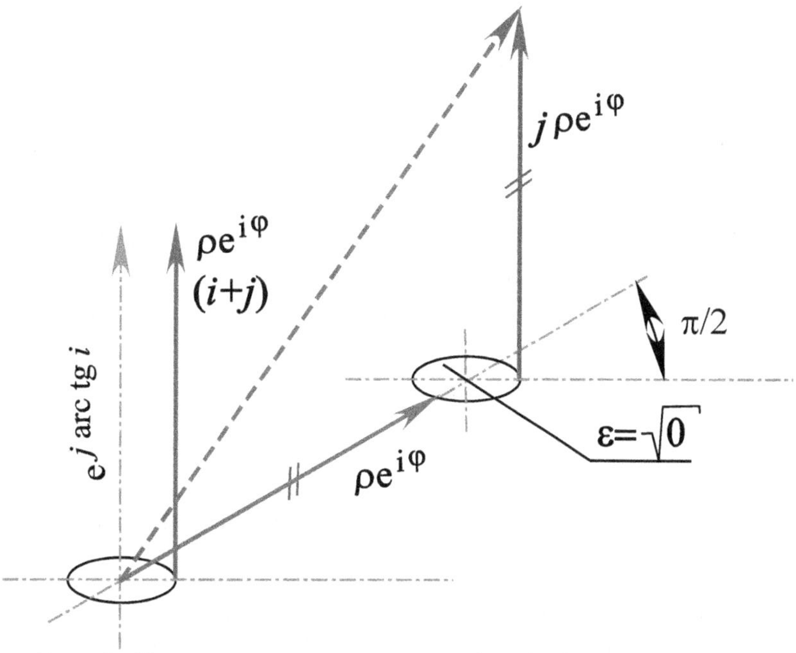

Рис. 1. Делители нуля в целиндрических координатах.

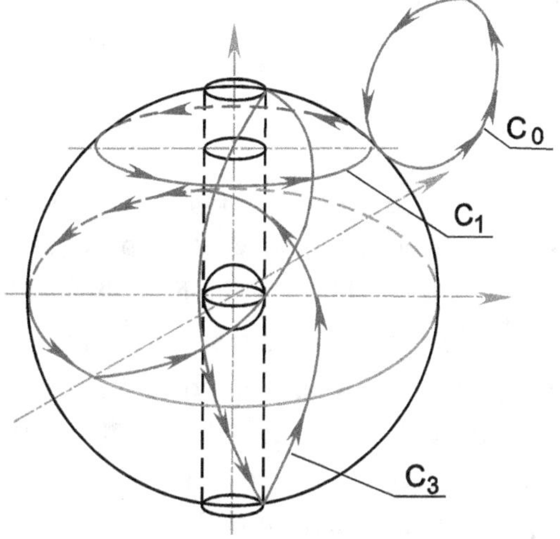

Рис. 2. Связность комплексного пространства. С0 – стягивается в точку, С1 – нельзя стянуть в нульмерную точку. С3 – простейшая циклическая кривая в пространстве.

Декарто-векторные координаты и связанные с ними преобразования Лоренца не дают возможности выразить их в сферических координатах. Световой конус теории относительности имеет нульмерную точку в своей вершине как начало координат. Это очередная глобальная ошибка специальной теории относительности.

Это очередная ошибка не только физико-математическая но и философская.

1.3. Связность реального пространства.

Ноль неисчерпаем, также как неичерпаема бесконечность!
Из этого следует, что временная ось не пересекается с пространственными осями.

Особенность в начале координат, отсутствие нульмерных точек приводит к изменению представлений об установившихся геометрических образов и понятий.

Простейшей кривой в пространстве является кривая C_3, натянутая на сферу радиуса R_3 с проколотым ε – туннелем, так что часть кривой проходит по внешней поверхности сферы, а часть по ε – туннелю. При этом аргументы φ, ψ совершают соответственно 4π, 2π оборота.

Сфера с проколотым туннелем напоминает вырожденный тор.

Поверхность S_3, натянутая без точек самопересечения на кривую C_3, изолирует объем тора V_3 из пространства большей по величине размерности.

С этой изоляцией в дальнейшем связывается представление о микрочастицах.

Поверхность S_3 нельзя стянуть в точку, так чтобы она не замыкала объем δV_3.

Это есть принципиальное отличие геометрических построений от построений в векторно-декартовых координатах. В декартовых координатах сфера сжимается в нульмерную точку. Нульмерная точка находится в вершине светового конуса теории относительности и релятивистской механики Пуанкаре.

Световой конус теории относительности в комплексных координатах сворачивается в ε - туннель.

Понятие об ε - туннеле есть следствие не только правильного расширения ТФКП в ТФКПП и алгебраических преобразований, но логически обосновывается из построения координат. Ноль, как показал О. Коши, есть выколотая точка $0e^{i\varphi}$, где $0 \le \varphi \le 2\pi$. В связи с этим становится очевидным ошибка Декарта, когда была восстановлена к плоскости линия.

К плоскости более корректно надо восстановить также плоскость, свернутую в трубочку. Сечение этой трубочки имеет радиус равный $\sqrt{0} \neq 0$, вследствии наличия сингулярного аргумента $arktgi$.

Связность пространства декарто-векторных координат доставляется интегральными теоремами Грина, Стокса, Гаусса-Остроградского. Теоремы объеденены одной конструктивной идеей: они устанавливают связь между интегралом по границе какого-либо геометрического образа и интегралом, распространенным на этот геометрический образ. Устанавливается связь между функциями $P(x,y,z), Q(x,y,z), R(x,y,z)$, непрерывными со своими частными производными в области и на ее границе в пространстве (x,y,z).

Таким образом, дважды используется не числовое поле: в первом случае как набор значений координат (x,y,z), так и во втором (P,Q,R).

Таким образом, такая связность не соответствует реальному пространству. В декартовом пространстве не выполняется интегральная цепочка

$$\oint_{\gamma} \Rightarrow \oiint_{S} \Rightarrow / \Rightarrow \oiiint_{V}$$

Криволинейный интеграл $\oint\limits_{\gamma}$ имеет подинтегральное выражение как скалярное произведение (P,Q,R)на дифференциал (dx,dy,dz), то есть интеграл не является числовым.

Особую роль играет эта цепочка в электродинамике. Однако кроме не числовых операций в составлении интегралов, в декартовом пространстве нет кривой γ, на которую можно натянуть поверхность S, без точек пересечения, так чтобы замыкался объем V, в котором находится полюс, с которым связано понятие заряда. Таким образом, уравнения Максвела, в основе которых и лежит эта цепочка интегралов, не соответствуют реальному физическому пространству.

1.4. Новая концепция заряда.

Фундаментальные свойства заряда быть положительным и отрицательным связано со свойством разложения или синтеза подпространств в пространство или наоборот.

В заряженной частице происходит квантовый скачок, вызванный изменением размерности пространства.

В разложении (1.7) первый член для этой простейшей размерности комплексного пространства определяет вещество-ядро частицы, второй ее зарядовое поле.

Проведем расширение пространства до $v = \mathrm{Re}^{i\varphi+j\psi+k\gamma}$ и произведем выделение зарядов более высокой размерности по той же схеме

$$v = \mathrm{Re}^{i\varphi+j\psi+k\gamma} = \mathrm{Re}^{i\varphi+j(\psi+\gamma)} + k\,\mathrm{Re}^{i\varphi+j\psi}\sin\gamma\left(\sqrt{0}\right)e^{+karktgj} \qquad 1.9$$

Таким образом, второе слагаемое определяет новый заряд, по знаку показателя экспоненты он положителен. Если не раскрывать заряды в первом и коэффициенте второго слагаемого, то можно отождествить эту комбинацию с протоном (протон не имеет лептонного заряда). Однако если произвести выделение лептонного заряда, то получим позитрон

$$v = \mathrm{Re}^{i(\varphi-\psi-\gamma)} + j\,\mathrm{Re}^{i\varphi}\sin(\psi+\gamma)\left(\sqrt{0}\right)e^{-jarktgi}$$
$$+k\,\mathrm{Re}^{i(\varphi-\psi)}\sin\gamma\left(\sqrt{0}\right)e^{+karktgj} + \qquad 1.10$$
$$+k\,\mathrm{Re}^{i\varphi}\sin\psi\sin\gamma\left(\sqrt{0}\right)e^{+karktgj}\left(\sqrt{0}\right)e^{-jarktgi}$$

Введем понятные обозначения, для сокращения записи

$$E^{+} \Rightarrow v = a + be^{-ji} + cke^{+kj} + dke^{+kj}e^{-ji} \qquad 1.11$$

Выражение (1.11) демонстрирует возможность комплексного пространственного аппарата отождествить возможные варианты зарядовых сопряжений микрочастиц и сами микрочастицы.

В данном случае имеем микрочастицу с электрическим $\left(kce^{+kj}\right)$, лептонным $\left(be^{-ji}\right)$ и смешанным зарядом $\left(kde^{+kj}e^{-ji}\right)$. Ядро частицы $\left(ae^{0}\right)$ представляет действительное число –отождествляем его с γ-квантом. Однако γ-квант можно отождествить и с магнитным полюсом П. Дирака. В этом случае элементарная частица будет обладать и магнитным полюсом и зарядом. Но это в дальнейшем.

Такую связность пространства можно отождествит с позитроном. Соответственно электрон будет представлен в виде

$$E^{-} \Rightarrow \nu = a_1 + b_1 e^{+ji} + kc_1 e^{-kj} + kd_1 e^{-kj} e^{+ji} \qquad 1.12$$

(изменен знак у лептонного заряда и электрического по сравнению с (1.11)) .

В соответствии с пространственным представлением электрона и позитрона можно проанализировать возможные варианты аннигиляции пространства $\left[E^{+} + E^{-}\right]$

Исследование структуры пространства позволяет выдвинуть новую концепцию заряда. Фундаментальные свойства заряда быть положительным и отрицательным связано с процессами деления и синтеза пространства на подпространства. Если частица обладает зарядом, то ε-туннели характеризуют непрерывное разложение пространства более высокой размерности на подпространства меньшей по величине размерности (и на оборот). Непрерывный процесс этой генерации подпространств и вызывает напряженность в пространстве, окружающем частицу.

Электродинамика не может считаться завершенной, поскольку взаимодействие частицы с ее собственным полем не трактуется удовлетворительно. В обычной электродинамике электрон рассматривается без полюсов и пространства, в которых рассматривается взаимодействие зарядов никак не связаны со структурой электрона. Кроме того, теоремы связности пространства декарто-векторного не соответствуют реальной действительности. Поэтому формулы (1.11), (1.12) и методика их получения оправдывается при построении классификации микрочастиц и расчете их квантовых характеристик http://www.maths.ru/

1.5. Ньютон и релятивистская механика пуанкаре

Рассмотрим несколько соотношений механики Ньютона и релятивистской механики Пуанкаре.

Для электрона на круговой орбите радиуса r, условие динамического равновесия имеет вид $\frac{mV^2}{r} = \frac{e^2}{r^2}$. В этом уравнении величина взаимодействия двух зарядов, оцениваемая соотношением $\frac{e^2}{r^2}$ приравнивается кинетической энергии. Таким образом, полевое взаимодействие реализуемое в подпространстве, приравнивается к кинетической энергии, реализуемой в пространстве. Это не соответствие должно быть обосновано.

Выразим энергию в комплексном виде, разделив пространство на его структурные составляющие

$$F = \frac{e^2}{r^2} + ji\frac{mV^2}{r} = \sqrt{\left(\frac{e^2}{r^2}\right)^2 - \left(\frac{mV^2}{r}\right)^2}\, e^{jarktgi\frac{mV^2 r}{e^2}} \qquad 1.13$$

Преобразуем формулу

$$F = \frac{e^2}{r^2}\sqrt{1 - \left(\frac{mV^2 r}{e^2}\right)^2}\, e^{jarktgi\frac{mV^2 r}{e^2}}$$

Взаимодействие передается через ε-туннель изолированного направления, поэтому $\frac{mV^2r}{e^2}=1$, откуда $V=\sqrt{\frac{e^2}{mr}}=aC$

Условие приобретает вид

$$F=\frac{e^2}{r^2}\left(\sqrt{0}\right)e^{jarktgi}=\frac{e^2}{r^2}+ji\frac{e^2}{r^2} \qquad 1.14$$

Зависимость показывает, что взаимодействие происходит по линии, на которой происходит разложение силы на две равные, взаимно перпендикулярные и имеющие начало в разных точках окрестности точек этой линии повернуты относительно друг друга на 90 град. Иными словами одна и таже сила действует по двум разным направлениям перемещаясь по орбите электрона. Сила характеризуется зарядом с коэффициентом величины взаимодействия.

Если скорость станет равной С, то будем иметь $\frac{mC^2r}{e^2}=1$, откуда имеем

$r=\frac{e^2}{mC^2}$ -выражение классического радиуса электрона.

Орбита электрона включает в себя движение по ε-туннелю взаимодействия в сечении радиуса классического радиуса электрона.

Согласно этим исследованиям приходим к новой концепции орбиты электрона. Орбита электрона есть граница, которая выделяет область деления пространства на подпространства. На границе происходит квантовый скачек в изменении размерности пространства. Эти изменения и фиксируют спектральные линии. Движение по такой орбите не вызывает излучения, так как орбита фиксирует изолируемость системы строго определенной размерности.

Далее имеем; $\frac{1}{2}m_1V^2=-\frac{1}{2}Gm_1m_2/r$

Средняя кинетическая энергия материальной точки, совершающая пространственно ограниченное движение под действием сил притяжения, подчиняющихся закону обратных квадратов, равна половине ее средней потенциальной энергии с обратным знаком.

В этом выражении (как и в предыдущем случае) приравниваются две величины, которые фактически находятся в разных подпространствах. Однако выражение это не фиксирует. Всвязи с этим рассмотрим энергию как структурное образование

$$E=G\frac{m_1m_2}{r}+ji\frac{m_1V^2}{2}=G\frac{m_1m_2}{r}\sqrt{1-\left(\frac{V^2r}{2Gm_2}\right)^2}\,e^{jarktgi\frac{V^2r}{2Gm_2}} \qquad 1.15$$

(или изолированного направления, подпространство заполненного обменным квантом), поэтому примем $\frac{V^2r}{2Gm_2}=1$. Откуда имеем $V=\sqrt{\frac{2Gm_2}{r}}$

Получили выражение для второй космической скорости. Энергия преобразуется к виду

$$E=\frac{Gm_1m_2}{r}\left(\sqrt{0}\right)e^{jarktgi}=\frac{Gm_1m_2}{r}+ji\frac{Gm_1m_2}{r} \qquad 1.16$$

Таким образом, движение с космической скоростью идет по траектории, на которой имеем равенство гравитационного взаимодействия в двух перпенликулярных плоскостях. В теоретической физики это-геодезические. На самом деле это траектория, отделяющая пространства разной размерности друг от друга. Теперь положим $V = C$ и получим $r = \frac{2Gm_2}{C^2}$ (Радиус Шварцшильда как результат решения для сферически – симметричного поля тяготения.

До настоящего времени продолжаются споры о равенстве гравитационной и инертной массы. Это результат сокращения в равенстве массы m_1.

$$G\frac{m_1 m_2}{r^2} = m_1 a \Rightarrow G\frac{m_2}{r^2} = a$$

Сокращение вызывает переход исследований в плоскость ускорений, когда $a = g$ ускорение приравнивается ускорению свободного падения в гравитационном поле тяжелой массы. После сокращения массы m_1 становится неопределенным ее влияние на силу, вызывающую ускорение. Поэтому необходимо ввести в зависимость структуру пространства взаимодействий

$$F = \frac{Gm_1 m_2}{r^2} + jim_1 a = G\frac{m_1 m_2}{r^2}\sqrt{1 - \left(\frac{ar^2}{Gm_2}\right)^2}\, e^{jarktgi\frac{ar^2}{Gm_2}} \qquad 1.17$$

Структура взаимоденйствующих пространств требует выделение изолированного направления, через которое происходит взаимодействие

Примем $\frac{ar^2}{Gm_2} = 1$, откуда следует $a = \frac{Gm_2}{r^2}$

При этом выражение (1.17) преобразуется к виду

$$F = G\frac{m_1 m_2}{r^2}\left(\sqrt{0}\right)e^{jarktgi} = G\frac{m_1 m_2}{r^2} + jiG\frac{m_1 m_2}{r^2} \qquad 1.18$$

тяжелого тела движется по геодезической, характеризуемой разложением силы по законам делителей нуля (светового конуса) с ускорением, которое определяется массой тяжелого тела и расстоянием до него. При этом сила зависит от обоих масс тяжелого и пробного тела. В этом вся философия ОТО А.Эйнштейна, которая до настоящего времени не выражена и вызывает лишние споры.

Далее. Принципиальный вопрос о сложении скоростей.

До настоящего времени идут споры $V + C = U_\mu \geq C$, который пешается достаточно просто, если вновь учесть, что скорость света принадлежит подпространству обменного кванта и взаимодействия, а линейная скорость V другому пространству, поэтому

$$U_\mu = C + jiV = C\sqrt{1 - \left(\frac{V}{C}\right)^2}\, e^{jarktgi\frac{V}{C}} \qquad 1.19$$

Ни при каких условиях скорость не может быть выше скорости света. При равенстве $V = C$ имеем все теже, выше разобранные условия

$$U_\mu = C\left(\sqrt{0}\right)e^{jarktgi} = C + jiC \qquad 1.20$$

Замечания для преобразования Галилея координаты $X = x + Vt$. Если скорость V Становится равной C (V=C), то координата

$$X = Ct + jix = Ct\sqrt{1-\left(\frac{x}{Ct}\right)^2}\, e^{jarktgi\frac{x}{Ct}} \qquad 1.21$$

Если $x = Ct$, то имеем все теже выводы

$$X = Ct\left(\sqrt{0}\right)e^{jarktgi} \qquad 1.22$$

Координата X становится заряженной, как эпсилон-туннель. Координата не линейна.

Преобразования Лоренца записаны по координатной: набор значений координат (x', y', z', ct')по формулам Лоренца переводятся в набор координат (x, y, z, ct). Оба набора не являются числовыми и следовательно рассматриваются не числовые пространства. В штриховом пространстве и не штриховом остается инвариантным интервал Минковского в виде (1.2). Интервал соединяет пространство и время в единый континиум и поэтому нельзя рассматривать отдельно значения координат времени и пространства. Кроме того, если интервал будет рассматриваться без аргумента (как это делается в настоящее время в теоретической физике, то это приводит к ошибкам), например в выражении (1.22) при этом $X = 0$.

В релятивистской механике Пуанкаре энергия и импульс составляют также не числовой набор энергии-импульса.

$$p = \frac{mV}{\sqrt{1-\frac{V^2}{C^2}}};$$

$$E = \frac{mC^2}{\sqrt{1-\frac{V^2}{C^2}}}; \qquad 1.23$$

$$p_\mu = \left(\frac{E}{C}, p\right)$$

В комплексном пространстве имеем $p_\mu = \frac{E}{c} + jip = \frac{E}{c}\sqrt{1-\left(\frac{pc}{E}\right)^2}\, e^{jarktgi\frac{pc}{E}}$

Подставим вместо E, p формулы из (1.23) получим $p_\mu = mCe^{jarktgi\frac{V}{C}}$

Если $V = C$, то имеем $p_\mu = mCe^{jarktgi}$, а также $p_\mu = \sqrt{\frac{E^2}{c^2} - p^2}\, e^{jarktgi}$

Эти два выражения и дают полную энергию частицы

$$E = c\sqrt{m^2c^2 + p^2} \qquad 1.24$$

Выражение получено из равенства модулей комплексных чисел, при равенстве их аргументов.

К настоящему времени стало ясно, что изменение массы может быть учтено только при введении в исследованиях процессов взаимодействия.

Использование инвариантов является попыткой заменить не числовой математический аппарат и его операционное пространство (набор значений координат) на числовое пространственное поле.

Это привело к исключению из исследований структуры взаимодействующих пространств.

Классическая механика Ньютона, Кулона, Бора представляет числовой срез процессов, протекающих при взаимодействии в комплексном пространстве.

Математика после О. Коши оказалась не способной к созданию числового пространственного комплексного аппарата. Этот кризис продолжается до настоящего времени.

ОТО, СТО и РТГ А. Логунова также являются кризисом математического естествознания, который последовал при переходе от числовых законов механики к не числовым операциям в исследованиях.

ГЛАВА 2. ЧИСЛОВОЕ ПОЛЕ КАК КОНЦЕПЦИЯ МАТЕМАТИЧЕСКОГО И ФИЗИЧЕСКОГО ЭФИРА

Книга пытается затрагивать глубинные проблемы микромира. Физические понятия и идеи связаны с нетривиальным подходом к алгебре, на основе которой построено Числовое комплексное пространство. Структура комплексного пространства адекватна структуре, установленной экспериментальными исследованиями в микромире. Алгебра комплексного пространства дает модели формирования от лептонно-электронного уровня до кваркового уровня и показывает их неразрывную связь.

В книге предлагается и разрабатывается концепция поля отличная от существующих концепций в современной теоретической физике. Разрабатывается математический аппарат для новой концепции поля.
Концепция поля есть основа описания механизма взаимодействия в природе. Именно механизма, стоящего за классическими формулами Ньютона и Кулона.
Формула Ньютона предполагает механизм дальнодействия через пустоту и требует введения понятия поля.
Концепция поля требует введения таких понятий, как виртуальность, вакуум, локальность, и т.д.

К настоящему времени квантовая механика показала, что классическое поле действительных и комплексных чисел в смысле Коши совершенно недостаточно для описания состояния квантовых объектов. Теория пошла по пути применения абстрактных алгебраических колец, идеалов. Однако и этот путь развития оказался не перспективным.

Алгебра комплексного пространства есть расширение поля действительных чисел с соблюдением законов алгебры числового поля.

Создатель квантовой механики П.А.М. Дирак “предложил в качестве идеи, выглядящей более обнадеживающе для улучшения квантовой механики, взять за основу теорию функций комплексной переменной”. И далее: “есть какая-то глубокая связь между теорий функций комплексной переменной и пространством – временем специальной теории относительности”, … ”разработкой этой связи станет трудной целью будущих исследований” [1]

В основе любого физического поля должно лежать числовое поле. Современные геометризованные полевые физические теории не удовлетворяют требованиям числового поля.

Алгебра комплексного пространства является наиболее подходящей математической структурой для описания конструкции микрочастиц и полей взаимодействий.

Без ясной и прозрачной структуры материи на основе законов алгебры числового поля невозможно установить, что такое Эфир.

Общая часть всех теорий Эфира состоит в том, что Эфир является всеобщей средой, его характеристики и движения являются первоосновой всех материальных и силовых проявлений в природе.

Современной концепции Эфира не существует ввиду отсутствия математического описания, с описанием качественной и количественной оценки выдвинутой концепции.

Ещё раз подчеркнём, что отсутствие математического аппарата с законами алгебры действительных чисел не позволило создать теории физики, адекватные реальным процессам природы. Алгебра является основой для построения полей взаимодействий. В настоящее время те поля, которые использует теоретическая физика, не соответствуют действительности.

Теория адекватная действительности должна быть эфирной, разработанной на алгебре числового поля [3,4]

Разработка прозрачных идей, стоящих перед физикой, превратилось в настоящее время в громоздкое изложение с непрерывным введением допущений и введением новых терминов как результат непрерывной корректировки теории экспериментальными данными.

Покажем, что можно освободиться от излишних допущений и терминов. Математическая структура теории по мере продвижения в область все более фундаментальных исследований начинает играть значительную и важную роль ввиду ограниченности непосредственно наблюдаемых явлений. При этом математическая структура должна не изменять своих логических построений во всем диапазоне экспериментально доступных и недоступных возможностей.

2.2. Числовое комплексное пространство (ТФКПП) есть Суперпространство современной теоретической физики.

Рассмотрим теорию Суперпространство с позиции ее математической корректности.

Суперпространство описывается введением дополнительных пространственно временных измерений. Введение дополнительных измерений есть требование физики явлений, в свою очередь требуют введения новых чисел. Эти числа антикоммутативны и не подчиняются алгебре действительных чисел.

В Суперпространство кроме привычных пространственно-временных координат x, y, z, t, вводятся дополнительно антикоммутирующие координаты Θ_1, Θ_2, такие, что $\Theta_1\Theta_2 = -\Theta_2\Theta_1$.

Таким образом, математическое описание структуры Суперпространство содержит, по меньшей мере, две глобальные ошибки.

Набор числовых значений координат x, y, z, t не определяет числовое поле.

Лоренц оставил свои преобразования не в числовом поле и, следовательно, построенное пространство на этих преобразованиях не соответствует реальности. Попытка исправления этой ошибки предпринята введением интервала Минковского. Числовое пространство потеряло связь между аргументом и модулем (интервалом). Интервал не зависит от аргументов и тем самым потеряна возможность корректного исследования проблемы сингулярности как одной из важных проблем микромира и макромира.

А.Эйнштейн закрепил эту глобальную ошибку, обосновав эффекты СТО и ОТО.

Дополнительные координаты антикоммутативны, что не соответствует алгебре действительных чисел. Одновременно с этим набор числовых значений координат не дает числовое поле. Неверное определение алгебры пространства привело к созданию ложного Суперпространство.

Одновременно с этим Суперпространство можно рассматривать как доказательство необходимости построения пространства с дополнительными координатами.

Дополнительные координаты естественным образом вводятся в математическую теорию плоского числового поля Коши и надо рассматривать как внутреннее развитие математики при переходе от ТФКП $\Rightarrow$ ТФКПП.

В этом случае проблемы суперструн значительно упрощаются.

2.3. Единое поле взаимодействия.

Существует единое взаимодействие, деление которого на электромагнитное и гравитационное является чисто условно. Существует в единственном виде только материя в энергетических координатах. В связи с этим постановка задачи по объединению электромагнитного поля и гравитационного поля необходимо провести после исследования единого поля взаимодействия и его геометрической структуры.

Необходимо достигнуть единого математического и геометрического соответствия между геометрией (вернее структурой геометрии пространства) и геометрией микрочастиц в соответствии с физической классификацией, разработанной физикой элементарных частиц и ядерной физикой.

Пространство ТФКПП адекватно пространству микрочастиц по классификации.

На первом этапе исследуем структуру пространства, соответствующую структуре иерархии микрочастиц микромира.

Было установлено, что квантовые характеристики микрочастиц на любом уровне соответствуют простым и ясным комбинациям соотношений в четырехмерном комплексном пространстве:

$$v = \mathrm{R}e^{i\varphi + j\psi + k\gamma} \qquad 2.1$$

Электронно-лептонный уровень входит в это пространство как вложенное пространство:

$$v_e = R_e e^{i\varphi + j\psi} \qquad 2.2$$

Мезонно-андронный уровень:

$$v_p = R_p e^{i\varphi + j\psi + k\gamma} \qquad 2.3$$

(Более подробно в тексте).

Дальнейшее увеличение размерности пространства для проникновения в глубь сущности микромира на данном этапе не требуется. Под размерностью пространства понимаем количества аргументов комплексного числа

$v(\varphi, \psi, \gamma)$ плюс модуль $\|v\| = R$.

Принципиально выражения (2.1, 2.2, 2.3) снимают проблемы калибровки.

Наименование заряда соответствует изолированному направлению на каждом уровне. Изолированные направления отвечают выделению в пространстве подпространства делителей нуля. Для комплекса (2.2) имеем:

$D\left(\mathrm{R}e^{i\varphi + j\psi}\right) = a\sqrt{0}e^{\pm jarktgi}$. Условно обозначаем: $e^{\pm ji}$ - лептонный заряд.

$D\left(\mathrm{R}e^{i\varphi + j\psi + k\gamma}\right) = \beta\sqrt{0}e^{\pm karktgj}$. Условно обозначается: $e^{\pm kj}$ - гравитационный заряд.

$D\left(\mathrm{R}e^{i\varphi + j\psi + k\gamma}\right) = \sigma\sqrt{0}e^{\pm karktgi}$. Условно обозначается: $e^{\pm ki}$ - нуклонный заряд.

Здесь мы не останавливаемся на подробностях, а излагаем нить исследований.

Операция выделения изолированных направлений адекватна определению подпространства светового конуса в пространстве Минковского.

В пространстве Минковского световой конус вырожден, его интервал равен нулю. Математика пространства Минковского не описывает структуры пространства вследствие вырожденности светового конуса. В комплексном пространстве подпространство светового конуса не является вырожденным.

Таким образом, нет отрицания предыдущих теорий, а есть новый путь к совершенству предыдущей. В пространстве Минковского нет подпространства для реализации взаимодействия, оно вырождено. Это одно из противоречий ТО, СТО, РТГ.

Сингулярность приобретает ясный физический смысл. Свертывание координат по сингулярным направлениям отвечает появлению в пространстве ипсилон туннелей изолированного направления, которые в принципе можно трактовать как дополнительные изменения.

Плюс минус изолированного направления отвечает за фундаментальную характеристику заряда быть положительным или отрицательным.
Существуют два основания не увеличивать размерность пространства больше четырех. Первое основание то, что все наименования зарядов определяются алгеброй делителей нуля в четырехмерном пространстве. Кроме того, существует чрезвычайно мало стабильных микрочастиц в огромном море микромира.

Пространство на одномерных координатных осях не является физическим и любые попытки введение в него условий содержащих признаки материальной среды не приводят к реальности.

Переход от системы координат в виде взаимно перпендикулярных прямых линий (декартовые координаты и векторные) к сферическим координатам произвести невозможно, так как линии и углы не связаны реальными условиями.

2.4. Внутренняя энергия любой микрочастицы определяется выражением:

$$ggS = ae^{ig} \pm be^{\pm kj} \pm ce^{\pm ji} \pm de^{\pm ki} \qquad 2.4$$

В дальнейшем рассматриваем как глюонное поле, хотя название может и не охватывать всю глубину явления.

Весовые коэффициенты a,b,c,d физического поля, по которым микрочастицы отличаются друг от друга.

Масса микрочастицы и ее квантовые полевые свойства определяются внутренней энергией.

Квантовые свойства микрочастиц (заряд, спиральность, спин, изоспин) поставлены в соответствие геометрическим свойствам комплексного пространства. В связи с этим на первом этапе рассматриваем, что дает комплексное пространство соответственно иерархии микрочастиц с этих позиций.

Кварки представлены комбинациями изолированных направлений.

$u = e^{+}{}_{\tilde{\nu}_e} + e^{-}{}_{\nu_\mu}$ - кварк, $u^q = e^{-}{}_{\nu_e} + e^{+}{}_{\tilde{\nu}_\mu}$ - антикварк.

$d = e^{-}{}_{\nu_e} + e^{-}{}_{\nu_\mu}$ -кварк, $d^q = e^{+}{}_{\tilde{\nu}_e} + e^{+}{}_{\nu_\mu}$ - антикварк.

Просматривается суперсимметрия кварков и антикварков. Алгебра этой симметрии дает, например для направления $e^{+}{}_{\tilde{\nu}_e}$:

$$e^{+}{}_{\tilde{\nu}_e} = (1+kj)(1-ji) = 1 + kj - ji + ki = 2e^{ig} + e^{kj} + e^{-ji} + e^{ki}$$

Таким образом, одно из представлений кварка дает физическое поле (2.4) с весовыми коэффициентами: $a=2,\ b=1,\ c=1,\ d=1$

Если известна структура кварков, то согласно кварковой классификации известна комплексная структура любой микрочастицы.
Так имеем: $p^{+} = uud, n = udd, \pi^{+} = ud^{q}, \pi^{-} = du^{q}, \pi^{0} = du^{q}$ и так далее.
Система уравнений для определения электрического заряда кварков дала точное совпадение с дробными зарядами:

$$Q(u) = 2/3, Q(u^q) = -2/3$$
$$Q(d) = -1/3, Q(d^q) = 1/3$$

Система решена и для определения барионного заряда:

$$\mathrm{B}(u) = 1/3, \mathrm{B}(u^q) = -1/3,$$
$$\mathrm{B}(d) = 1/3, \mathrm{B}(d^q) = -1/3$$

Также в точном соответствии с существующей теорией кварков. Доказана причина появления цветовых зарядов. Вернее определена операция, которая требует введения новых наименований зарядов.

Кварки не являются предельными кирпичиками мироздания. Кварковой уровень заполняется аналогично лептонному, мезонному, барионному уровням.

$$S = (u + u^q) + d$$
$$C = (u + u^q) + (d + d^q) + u$$

....

Приходится констатировать тот факт, что кварки являются одним из глубинных уровней материи и не претендуют на фундаментальность кирпичиков мироздания.

Появление заряда кварка не потребовало расширения пространства и введение новой размерности.

Переход на новый глубинный уровень возможен при установлении предела заполнения электронно-лептонного уровня. Компактизация кваркового уровня материи вызовет появление нового наименования заряда при расширении размерности пространства.

$$v_5 = \mathrm{Re}^{i\varphi + j\psi + k\gamma + k_1\phi} \qquad 2.5$$

Таким образом, Числовое комплексное пространство с законами алгебры действительных чисел имеет большие возможности быть адекватным пространству микромира.

Необходимо также подчеркнуть, что выделение в каждой размерности пространства подпространства делителей нуля есть реализация теорем Коши о вычетах. Однако эта реализация происходит без операции интегрирования, а алгебраическими операциями.

2.5. Комплексная алгебра поддается естественной физической интерпретации с достижением соответствия со структурой микромира.

Удалось связать природу микромира с законами алгебр действительных чисел в расширенном пространстве теории функций комплексной переменной. Введение масс и энергий в иерархию микрочастиц осуществляется через введение предельной массы Планка в геометрические зарядовые сопряжения.

Алгебра комплексного пространства дает выражения для любой микрочастицы. Микрочастица рассматривается как некоторые эфирные конфигурации, определенные узловые точки в эфире. Свойства узловых точек в Эфире есть предмет исследования, как Эфира, так и объектов в нем.

Например:

$$ggS(p = uud) = -29e^{ig} + 105e^{kj} + 14e^{-ji} + 18e^{ki}$$
$$ggS(n = ddu) = -34e^{ig} + 108e^{kj} + 16e^{-ji} + 18e^{ki} \qquad 2.6$$
$$ggS(\pi^- = du^q) = 65e^{ig} - 3e^{kj} - 2e^{-ji} + 12e^{ki}$$

$ggS(e^-) = -4e^{ig} + 2e^{kj} + e^{-ji} + e^{ki}$

Для решения системы этих четырех уравнений с четырьмя неизвестными $e^{ig}, e^{kj}, e^{-ji}, e^{ki}$ необходимо знать значения ggS, а также, чтобы эти уравнения были линейно независимыми. Уравнение для нейтрона есть видоизменение уравнения протона, поэтому необходимо заменить уравнением для лямбда-гиперона.

В системе уравнений (2.6) неизвестными являются подпространства $e^{ig}, e^{kj}, e^{ji}, e^{ki}$. Весовые коэффициенты определены из условий кварковой композиции в комплексном пространстве. В главе: “Классификация микрочастиц” показано, что расчет весовых коэффициентов многовариантен и приближение к их действительному значению зависит от варианта Компактизация пространства.

2.6. Внутренняя полевая энергия микрочастицы

Внутренняя полевая энергия микрочастицы определяется из двух уравнений: определение массы частицы из точного уравнения $m_i c^2 = G\dfrac{m_g^2}{\lambda_i}$, и второго уравнения

$$m_i c^2 = 2m_g c^2 - \sqrt{\left(2m_g c^2\right)^2 - \left(ggS(\mu_i)\right)^2} \qquad 2.7$$

Если известна масса микрочастицы $m_i c^2$, то внутренняя полевая энергия определяется из этих двух уравнений.

Решение системы (2.6) не зависит от выбора набора микрочастиц. В дальнейшем масса микрочастиц, рассчитанная по весовым коэффициентам и энергиям изолированных направлений, соответствует экспериментальным данным.

Подпространства $e^{ig}, e^{kj}, e^{ji}, e^{ki}$ свернуты в ипсилон туннели, представляют энергетические линии тока. В пределах размера микрочастицы, принадлежащих определенному уровню иерархии материи, подпространство превращается в заряд. Масса электрического заряда выражается через предельные параметры Планка, расположенные в комплексном пространстве с образованием подпространства невырожденного светового конуса.

В комплексном математическом пространстве (специально оговариваем математическом) выделяются оси координат по направлениям числовых единиц: *1, i, j, k*.

Физическое пространство фиксируется осями координат: $e^{ig}, e^{ij}, e^{ki}, e^{kj}$ (условное обозначение). Оси координат есть ε - цилиндры. В этом понимании оси координат представляют пространство светового конуса Лоренца, которое адекватно в математическом плане пространству делителей нуля.

Пространство $[v] = \mathrm{Re}^{i\varphi + j\psi + k\sigma}$ включает в себя как пространство с осями координат *1, i, j, k*, так и подпространство с осями координат (напомним условное обозначение)

$$\alpha e^{ij} = \alpha\sqrt{0}e^{jarktgi},$$

$$\beta e^{kj} = \beta\sqrt{0}e^{karktgj},$$

$$\chi e^{ki} = \chi\sqrt{0}e^{karktgi}.$$

Первое пространство ν есть комплексное декартовое пространство, второе подпространство ν_∂ выделено в пространстве $[\nu]$ с учетом особенности, заложенной в формулах преобразованиях Лоренца.

Силовое взаимодействие в физическом пространстве определяется энергией обменного кванта, циркулирующего между взаимодействующими объектами.

Одновременно с этим, как показывают расчёты, силовое взаимодействие определяет энергию микрочастицы.

В связи с этим энергия микрочастицы определяется изменением энергии предельной массы Планка на величину обменного кванта.

Отсюда следует вывод: микрочастицы и их энергетическая характеристика образуют подструктуру в материи. При этом энергия этой подструктуры изменяется в пределах от энергии основной структуры, которой следует считать энергию массы Планка, до энергии массы фотона.

Нет оснований не определять и другие заряды через предельные параметры Планка. Предельные параметры Планка примем за предельный уровень материи. Предельный размер длины Планка l_q является предельным сечением ипсилон туннеля движения предельной обменной массы $m_q c^2$, при взаимодействии предельных масс Планка.

Элементарные микрочастицы (лептоны, электроны, протон, нейтрон, пион и т.д.) есть результат взаимодействия двух предельных масс Планка, на расстоянии своей комптоновской длинны волны.

$$G\frac{m_g^2}{\lambda_i} = m_i c^2$$

Элементарные образования есть результат гравитационного и электростатического удержания предельных масс Планка.

Из равенства $e^2 = Gm_g{}^2$, имеем: $e = m_g\sqrt{G}$

Массы Планка должны образовывать подпространство делителей нуля: $m_g c^2 \pm jim_g c^2 = m_g c^2(1 \pm ji) = m_g c^2\sqrt{0}e^{\pm jarktgi}$. Принципиально представлена формула гравитационного заряда.

Формула представима также через электростатическое взаимодействие.

$$m_g c^2(1 \pm ji) = \sqrt{\frac{\hbar c}{G}}c^2\sqrt{0}e^{\pm jarktgi}$$

В данном изложении полученные формулы дают эквивалентность в конструкции электрического и гравитационного заряда. Однако исследование пространств дает основание, что гравитационное пространство является более глубоким уровнем материи и формулу гравитационного заряда надо записать в другой размерности.

$$m_g c^2 \pm kjm_g c^2 = m_g c^2\sqrt{0}e^{\pm karktgj}$$

Из этого следует вывод, что силы тяготения удерживают силы электрического взаимодействия.

Предельный размер гравитационного кванта, как предельной массы равен: $L_g = 1.614*10^{-33}$ *см.*

Введение обменного кванта $m_{\nu i}c^2 = ggS(\mu_i)$, дает возможность представить связь микрочастицы с предельной массой Планка.

$$G\frac{m_g^2}{\lambda_i} = m_i c^2 = m_g c^2 - \sqrt{\left(m_g c^2\right)^2 - \left(ggS(\mu_i)\right)^2} \qquad 2.8$$

Формула (2.8) освобождает теорию от закона Ньютона.

Масса микрочастицы $m_i c^2$ есть результат потери энергии предельных масс Планка при обмене обменным квантом $ggS(\mu_i)$. Обменный квант (полевая энергия, физическое поле) при взаимодействии реализуется через систему изолированных направлений (2.4).

Обменный квант в первом приближении вычисляется из этой формулы в виде:

$$ggS(\mu_i) = \sqrt{2G\frac{m_g^2}{\lambda_i} m_g c^2} = \sqrt{2 m_i c^2 m_g c^2}$$

$$m_i c^2 = \frac{1}{2}\frac{\left(ggS(\mu_i)\right)^2}{m_g c^2} \qquad 2.9$$

Из этих формул следует: под концепцией эфира следует понимать пространство, заполненное предельными массами Планка, взаимодействующими на расстоянии предельных размеров Планка также энергией равной энергии предельной массе Планке.

Такая характеристика Эфира коррерируется с Эфиром Д.И. Менделеева.

Микрочастица образуется при взаимодействии предельных масс на расстояниях, превышающих предельные расстояния Планка l_g, и расположенных с образование изолированных направлениях (сингулярных).

Предельная масса Планка в комплексном пространстве представима в виде

$$\langle m_g \rangle = m_g (1 \pm kj) e^{i\varphi + j\psi} = m_g \sqrt{0} e^{\pm karktgj} e^{i\varphi + j\psi}$$

Предельная масса не является точкой. Её можно рассматривать как микросферу, находящуюся в пространстве светового конуса, свернутого в ипсилон туннель. При этом микросфера имеет в ипсилон туннеле повороты по углам φ, ψ.

При взаимодействии фундаментальных масс $\langle m_g \rangle$ на расстоянии также предельном, которое выразится в виде:

$\langle L_g \rangle = L_g (1 \pm kj) e^{i\alpha + j\beta}$ по формуле Ньютона будем иметь энергетический квант пространства, который и является средой Эфира.

$$G\frac{\langle m_g \rangle^2}{\langle L_g \rangle} = \langle m_g c^2 \rangle = m_g c^2 (1 \pm kj) e^{i(2\varphi - \alpha) + j(2\psi - \beta)} = m_g c^2 \sqrt{0} e^{\pm karktgj + i(2\varphi - \alpha) + j(2\psi - \beta)}$$

Пространство заполнено предельными массами m_g, расположение предельных масс в соответствии с условиями взаимодействия по формуле Ньютона. При условии, когда взаимодействие идет по изолированному направлению пространства светового конуса образуется предельный квант энергии $\langle m_g c^2 \rangle$.

Среда предельных квантов энергии и есть Эфир.

Взаимодействие предельных масс на расстояниях, превышающих предельное, даёт массу микрочастицы как пространственный квант энергии.

Например.

Электрон представим в виде взаимодействия предельных квантов на расстоянии в световом пространстве ипсилон туннеля в виде:

$$G\frac{\langle m_g\rangle^2}{\langle \lambda_e\rangle} = G\frac{\left(m_g(1-ji)e^{k\gamma+j\psi}\right)^2}{\lambda_e(1-ji)e^{k\alpha+j\beta}} = m_e c^2(1-ji)e^{k(2\gamma-\alpha)+j(2\psi-\beta)}$$

Взаимодействие предельных масс рассматриваем в электрическом ипсилон туннеле, поэтому эфирный квант электрона представим:

$$\left\langle m_e c^2\right\rangle = m_e c^2\sqrt{0}e^{-jarktgi}e^{k(2\gamma-\alpha)+j(2\psi-\beta)}$$

Протон в электрическом ипсилон туннеле имеет вид:

$$\left\langle m_p c^2\right\rangle = m_p c^2\sqrt{0}e^{+jarktgi}e^{k(2\gamma-\alpha)+j(2\psi-\beta)}$$

Взаимодействие микрочастиц определяется обменной микрочастицей m_v и её энергией $m_v c^2$. Если известно расстояние между частицами, то обменный квант в Эфире будет равен $\left\langle m_v c^2\right\rangle = G\frac{\langle m_g\rangle^2}{\langle r\rangle}$.

В этом случае энергия связи микрочастиц определяется по формуле (2.8). Опуская скобки для простоты изложения, в дальнейшем используем только действительные величины. Так, что $m_v c^2 = G\frac{m_g^2}{r}$. В формуле (2.8) обозначено

$m_v c^2 = ggS(\mu_i)$

Полем взаимодействия микрочастиц выступает поле обменных квантов.

Если известны массы микрочастиц, то получим: $ggS(\mu_i) = m_g c^2\sqrt{2\frac{l_g}{\lambda_i}}$

Взаимодействие двух предельных масс m_g *на расстоянии* r_μ *даёт частицу энергии* $E = m_\mu c^2$. *Предельные массы находятся в пространстве координат: C, G, h.*

2.7. Физическая интерпритация

Физическая интерпретация этих формул достаточно прозрачна. Если известна масса микрочастицы, можно определить внутреннее физическое поле (глюонное поле) в виде обменного кванта и наоборот.

В результате концепция поля перешла вглубь микромира на другой уровень.

Поле микромира является также структурированным, как и структура самого микромира микрочастиц.

В пределе, если обменный квант $ggS(\mu_i) = ggS(m_g c^2) = m_g c^2$, то формулу (2.5) следует переписать в виде: $m_i c^2 = m_g c^2 - \sqrt{(m_g c^2)^2 - (ggS = (m_g c^2))^2}$.

Откуда имеем: $m_i c^2 = m_g c^2$. В пределе обменный квант равен предельной массе Планка.

Концепция дискретности и непрерывности Эфира как реальной фундаментальной среды становится состоятельной. Непрерывность обеспечивается переходом обменной массы микрочастицы в частицу.

Таким образом, Эфир становится единой материей для микрочастиц и взаимодействием между ними, осуществляемым также микрочастицей в нем как обменным квантом. Однако необходимо подчеркнуть, что обменный квант взаимодействия находится в верхней структуре эфира.

Энергия микрочастиц есть результат взаимодействия предельных квантов масс на расстояниях в комплексном пространстве. Формула Ньютона делает среду из предельных масс, в среду энергий тех объектов, которые в ней образуются. С учетом того, что взаимодействие предельных масс осуществляется в пространстве светового конуса, среда и есть Эфир.

Четыре стабильных микрочастицы с известными массами дают систему для определения энергий изолированных ипсилон туннелей, которые вместе с весовыми коэффициентами дают массу микрочастиц.

В настоящее время линейная независимость системы определена для четырех микрочастиц: протона, пиона, лямбда-гиперона, электрона.

Решение системы дало следующие величины энергий, идущих через изолированные направления:

$$\begin{aligned} e^{kj} &= 0.4667*10^{17}\ \text{Эв} \\ e^{ji} &= -0.3471*10^{17}\ \text{Эв} \\ e^{ki} &= 1.520807*10^{17}\ \text{Эв} \\ e^{ig} &= 0.131*10^{17}\ \text{Эв} \end{aligned} \qquad 2.10$$

Энергии изолированных направлений отличаются только коэффициентами перед десяткой в семнадцатой степени. Это говорит только о том, что течение энергий по изолированным направлениям (можно назвать токами взаимодействий) происходит по всем уровням, в которых определяется микрочастица. Необходимо подчеркнуть, что энергия изолированных направлений определена из системы, в которой максимальную массу имеет протон. Если использовать частицы более глубокого уровня иерархии естественно величины энергий возрастут.

Формула физического поля (2.4) обобщается на состояние материи во всех ее проявлениях от микрочастиц до среды, в которой они взаимодействуют.

Комплексное пространство, представленное формулой $\Psi = \mathrm{Re}^{i\varphi + j\psi + k\gamma}$, разложим по осям, получим:

$$\begin{aligned} \Psi &= \mathrm{Re}^{i\varphi} \cos\psi \cos\gamma + \\ &+ j\,\mathrm{Re}^{i\varphi} \sin\psi \cos\gamma + \\ &+ k\,\mathrm{Re}^{i\varphi} \sin\lambda = X + jY + kZ \end{aligned}$$

Сравнение с формулой (2.4) дает $x = C, y = b, z = d$.

Таким образом, весовые коэффициенты определяют расстояние от центра по изолированным осям координат. Оси координат представляют ипсилон туннели изолированных направлений, сечение которых определено энергией токов по формулам (2.10).

Внутренняя полевая энергия локализованного объекта ggS будет выражаться в виде: $ggS = ae^{ig} + be^{ij\varphi} + ce^{ki\varphi} + de^{kj\varphi}$

Исходной точкой (начало координат) представляет также комплекс, который не допускает дальнейшего разложения по изолированным направлениям.

Наглядно показано отличие координат Декарта от суперкомплексного пространства. Координатные оси X,Y,Z в декартовом пространстве есть абстракция не связанная с материей, которую они призваны описать.

Оси координат есть линии без мерных точек. Пересечение этих линий дает также безразмерную нулевую точку.

В комплексном пространстве пересекаются оси координат в виде ипсилон цилиндров, сечение которых определяется энергией потоков через эти ипсилон туннели. Пересечение образует начало координат в виде локального объема.

$0 \in ae^{i\chi + j\lambda + k\mu}$, где аргументы χ, λ, μ есть действительные числа.

Первый член в формуле задает размерность нулевой точки, который оказывается соизмеримым с сечениями ипсилон туннелей изолированных направлений.

Начало координат есть узловая точка в пространстве, в которую входят и выходят энергетические массы по изолированным направлениям.

Если продолжать увеличивать размерность пространства, то изолированные направления будут заполняться вместо окружностей $\varepsilon e^{i\varphi}$ (в теории суперструн образования свернутые в окружность), сферическими образованиями $\varepsilon e^{i\varphi + j\psi}$ и так далее.

Эфир есть среда взаимодействия, базовым уровнем для которой служат в свою очередь среда из масс Планка $m_g c^2$и предельных характеристик $(l_g, t_g, \hbar, G, C)$. Согласно формулам, приведенным выше, взаимодействие масс Планка на предельном расстоянии дает все ту же массу Планка.
Это дает основание считать что Эфир, состоит одновременно и из масс Планка, предельным уровнем в иерархии микрочастиц.

$G\frac{m_g^2}{l_g} = m_g c^2$. Это точное соотношение.

К этому равенству добавляем второе уравнение, в котором не используется формула Ньютона.

$$m_i c^2 = 2m_g c^2 - \sqrt{(2m_g c^2)^2 - (m_g c^2 = ggS)^2}$$

Увеличение расстояния приводит к разрыву в среде масс Планка, которое заполняется новым образованием, которое и является микрочастицей. Логика построения структуры пространства позволяет утверждать, что предельная масса Планка образуется точно также как любая микрочастица.

Однако предельная масса возникает в пространстве более высокой размерности и для нее видимо существуют свои предельные массы и свои постоянные h_p, G_p, C_p. Надо полагать, что h_p, G_p, C_p являются также предельными для $\hbar, G, C$.

2.8. Пространство обменного кванта

Обменный квант естественно существует в том же пространстве, что и микрочастицы, поэтому запишем.

ggS=$\alpha e^{ig} + \beta e^{kj} + \gamma e^{ji} + de^{ki}$

Формула определяет энергетическое поле не только микрочастиц, но любой точки в пространстве материи. Произведём исследование этой формулы с позиций её интерпретации известным свойствам материи.

Ясно, что удалось установить связь между геометрией пространства и энергии в любой локализованной точки в пространстве.

Как показал расчет, слагаемые в правой части не могут быть все положительны.

Поэтому физическое поле ggS представляет сумму энергий положительных и отрицательных значений:

$ggS = ggS_{вх} - ggS_{исх}$

Физическое поле материи является динамическим. Микрочастица есть пространственный узел физических полей, в который по одним изолированным направлением поступает энергия $ggS_{вх}$, а по другим истекает $ggS_{исх}$.

Устойчивое динамическое равновесие характеризует стабильную микрочастицу, для которой: $ggS_{вх} - ggS_{исх} \neq 0$, Следует вывод.

Эфир есть материя скомпенсированных физических полей:

$ggS_{вх} - ggS_{исх} = 0$

Свойство эфира как материи скомпенсированных физических полей при взаимодействии с микрочастицей не изменяет массы последней, но оказывает влияние на ее динамическое состояние.

В зависимости от энергий, поступающих в узел и исходящих из него, имеем массу микрочастицы. В пространственном узле микрочастица определяется своим физическим полем, который называем внутренним обменным квантом, энергией, физическим полем и т.д.

Внутренний обменный квант за пределами изолированной области (пространственного узла) создает физическое поле взаимодействия, величина которого зависит от расстояния от пространственного узла до точки в пространстве.

Концепция поля становится многоуровневым и структурированным. Взаимодействие тел, разделенных промежутком, происходит через поле, которое находится в другом пространственном измерении, чем тела и которое создается этими телами.

С этих позиций концепция поля переходит в концепцию Эфира.

Эфир неразрывен и содержит пространственные участки как локализованные в частицы, так и не локализованные. При этом не локализованные участки обуславливают передачу взаимодействия между локализованными (частицами) представляют также микрочастицы на другом уровне Эфира и одновременно обменные кванты поля.

Эфир скомпенсированных энергетических полей может быть выделен в любом локализованном участке пространства.

2.9. Время

В формуле (2.4) весовой коэффициент a соответствует энергетической массе кванта микрочастице. Эфирное поле можно рассмотреть при равенстве $a = 0$. В этом случае выражение эфирного поля становится безмассовым, и вся энергия поля сосредотачивается в изолированных пространствах (пространств делителей нуля). В пространстве могут существовать узлы из энергий изолированных направлений.

Изменение аргумента в любом изолированном направлении приводит к появлению вещества. Одновременно с этим появляется Время, которое в пространстве изолированных направлений не существует.

Время ликвидирует одну из координат изолированного направления. Процесс развития приведет к моменту, когда потребуется смена фазы у другого изолированного направления и вновь процесс отсчета времени повторится при других параметрах измерения Вселенной.

2.10. Математическая инверсия микромира в макромир и наоборот.

Микрочастица (“ узловая точка”) не является чуждым телом в Эфире. В энергетический узел пространства, представляющего частицу в Эфире, входит энергия обменного кванта частицы и окружающего пространства.

Обменный квант предполагает наличие всех возможных энергий, из которых хорошо изучена электрическая энергия и ядерная энергия. Электрическая составляющая представлена в обменном кванте изолированным направлением e^{ji}, ядерная изолированным направлением e^{ki}.

Рассмотрим электрическое взаимодействие на примере атома водорода.

Орбита Бора в 137 раз превышает величину комптоновской волны электрона:

$$l_b = \alpha^{-1}\lambda\!\!\!^{-}_e$$

Рассчитываем массу микрочастицы в эфире между протоном и электроном

$$m_z c^2 = G\frac{m_p^2}{\alpha^{-1}\lambda\!\!\!^{-}_e} = \alpha m_e c^2$$

Микрочастица массы $m_z c^2$ выступает обменным квантом взаимодействия

$$m_z c^2 = m_v c^2$$

Энергия связи вычисляется по ранее обоснованной формуле

$$JE = m_e c^2 - \sqrt{\left(m_e c^2\right)^2 - \left(m_z c^2\right)^2} \cong \frac{\left(m_z c^2\right)^2}{2m_e c^2} = \frac{1}{2}\alpha^2 m_e c^2 \qquad 2.11$$

Численно величина $JE = \frac{1}{2}\alpha^2 m_e c^2 = 13.6\text{эв}$ соответствует энергии связи электрона на орбите Бора.

Электрон как свободная микрочастица имеет массу 0,511Мэв. При взаимодействии с протоном на расстоянии орбиты Бора электрон теряет массу 13,6 эв.

Увеличение расстояния между протоном и электроном представим пропорционально обратной величине постоянной тонкой структуры $L = 137^k\lambda\!\!\!^{-}_e$, будем иметь уменьшение массы микрочастицы, определяющей обменный квант между протоном и электроном.

$k = 1$, $JE = 0.0993\text{эв}$, $m_z c^2 = 3730\text{эв}$

$k = 2$, $JE = 7.25*10^{-4}\text{эв}$, $m_z c^2 = 27.2\text{эв}$

$k = 3$, $JE = 5.29*10^{-6}\text{эв}$, $m_z c^2 = 0.199\text{эв}$

При уменьшении расстояния между протоном и электроном увеличивается масса обменной частицы.

При равенстве $l_b = \lambda\!\!\!^{-}_e$ масса обменной частицы равна массе электрона: $m_z c^2 = m_e c^2$. Дальнейшее снижение расстояния l_b приведет к положению, когда $m_z c^2 > m_e c^2$. В этом случае подкоренное выражение в формуле (2.11) становится отрицательным. Физически это означает, что взаимодействие меняет ипсилон туннель, переходя на более глубокий уровень иерархии микрочастиц.

Ипсилон туннель с изолированным направлением e^{ji} заменяется ипсилон туннелем с изолированным направлением e^{kj}.

При более точном расчете можно определить то расстояние, при котором произойдет захват электрона протоном с превращением его в нейтрон.

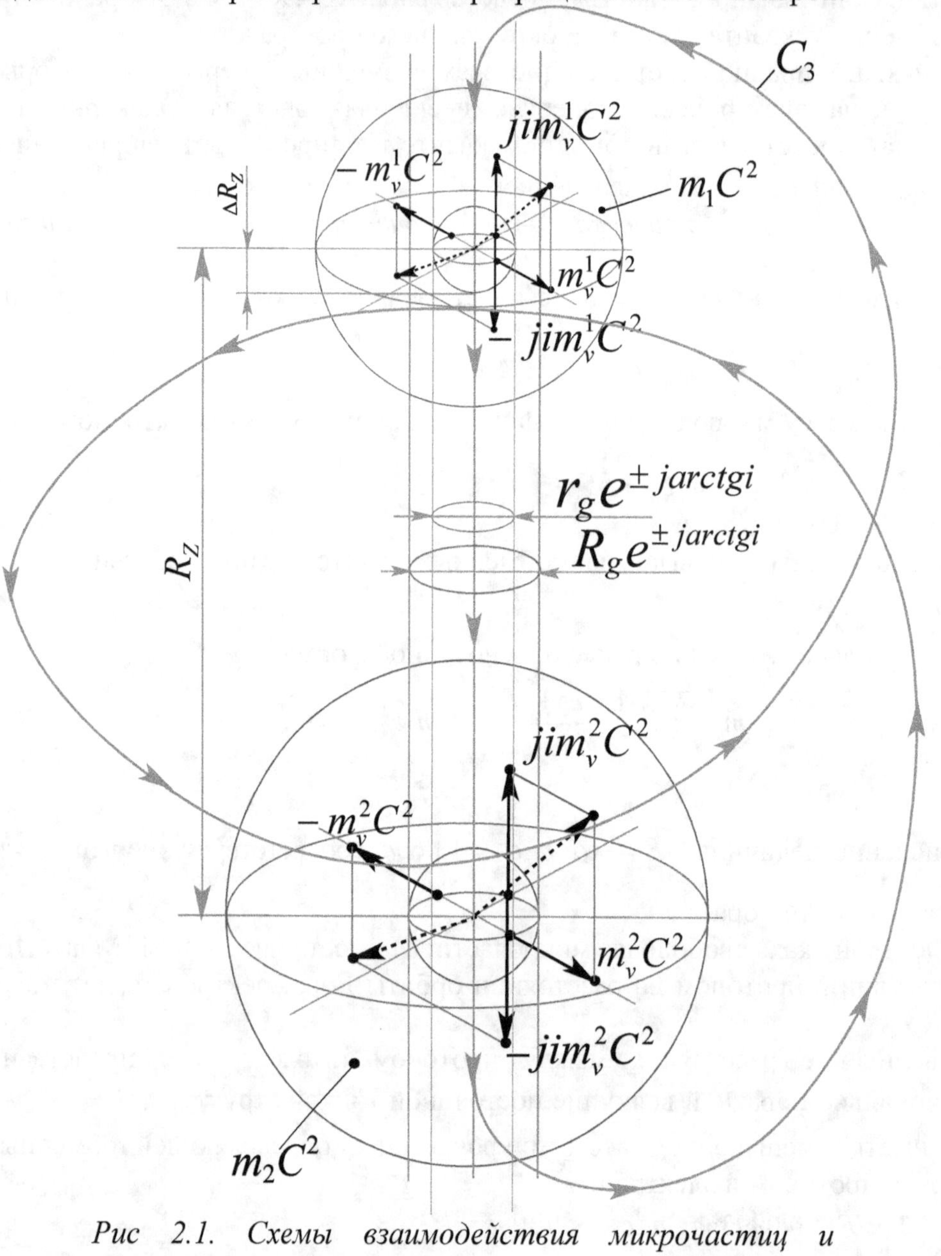

Рис 2.1. Схемы взаимодействия микрочастиц и макрочастиц совпадают.

Энергия поля взаимодействия создаётся энергией обменного кванта. Циркуляция энергии происходит по кривой C_3, имеющей ε - туннель радиуса равного радиусу обменного кванта. Радиус обменного кванта отличается от радиусов взаимодействующих частиц. В результате образуется кольцо давления массы обменного кванта.

Рассмотрим вариант перехода в пространство сильного взаимодействия.

В общем виде обменный квант содержит энергию изолированного направления $\left(e^{ki}\right)$, отвечающего за сильное взаимодействие.

Оценим величину этого взаимодействия в системе протон-электрон.

Протон по массе в 1836 раз превышает массу электрона. Внутренняя энергия протона сосредоточена в пространстве комптоновской длины волны $\lambda\!\!\!^{-}_{p} = \lambda\!\!\!^{-}_{e}/1836 \cong 2.14*10^{-14}$ *см.*

Обменный внутренний квант протона равен $m_{v}^{p}c^{2} = 67.58273*10^{11}$ *мэв* $= 67{,}58273*10^{17}$ *эв.*

Если расстояние между электроном и протоном соответствует расстоянию орбиты Бора $L_{b} = \alpha^{-1}\lambda\!\!\!^{-}_{e}$, то расстояние от центра изолированного сильного взаимодействия будет равно $L_{b}^{p} = 137*1836*\lambda\!\!\!^{-}_{e}$

Обменный квант на этом расстоянии будет равен: $m_{z}c^{2} = \dfrac{m_{e}c^{2}}{L_{b}^{p}}$

Эта величина соответствует: $JE = 4.04*10^{-6}$ *эв*

Сильное взаимодействие вносит чрезвычайно малый вклад в энергию связи JI. Переход взаимодействия между микрочастицами на более глубокий уровень будет соответствовать инверсии расстоянию Боровской орбите, то есть имеем: $L^{c}{}_{p} = \dfrac{\lambda\!\!\!^{-}_{e}137}{1836}$. На этом расстоянии микрочастица, обеспечивающая взаимодействие будет равна: $m_{z}^{c}c^{2} = G\dfrac{m_{p}^{2}}{L_{p}^{c}} = G\dfrac{m_{p}^{2}}{137\lambda\!\!\!^{-}_{e}}1836 = m_{pr}c^{2}/137$

Становится очевидным, что обменный квант превосходит энергию электрона, ибо величина $m_{pr}c^{2}/137 > m_{e}c^{2}$, и требуется переход взаимодействия через новый ипсилон туннель и смена объектов взаимодействия. Электрон на этих расстояниях не существует. Формулу (2.11) переписываем в виде:

$$EJ_{pr} = m_{pr}c^{2} - \sqrt{\left(m_{pr}c^{2}\right)^{2} - \left(m_{z}^{c}c^{2}\right)^{2}} \cong \frac{1}{2}\frac{\left(m_{pr}c^{2}/137\right)^{2}}{m_{pr}c^{2}} = \frac{1}{2}m_{pr}c^{2}/137^{2}$$

Приведенная математическая итерация может быть продолжена в глубь материи на любой уровень материи. Ограничением служит величина обменного кванта равная предельной массе Планка. Итерация по этим формуле (2.11) позволяет рассмотреть инверсию взаимодействий из микромира в макромир.

2.11. Схема расчета инверсии.

В основу берем атом водорода Бора. Электрон массой $m_{e}c^{2} \cong 0.511$*мэв* находится на расстоянии $L_{e} = \lambda\!\!\!^{-}_{e}\alpha^{-1}$ от протона массы $m_{pr}c^{2} \cong 938.28$*мэв.*

Взаимодействие между протоном и электроном определяется микрочастицей по формуле: $m_{z}c^{2} = G\dfrac{m_{pl}^{2}}{L_{e}} = m_{e}c^{2}$.

Энергия связи равна: $EJ = \dfrac{1}{2}\alpha^{2}m_{e}c^{2}$.

Увеличим расстояние между протоном и электроном по формуле:

$$L_{pre} = L_{e}*\left(\frac{m_{pr}}{m_{e}}\right) = \lambda\!\!\!^{-}_{e}\left(\frac{m_{pr}}{m_{e}}\right)\alpha$$

На этом расстоянии между протоном и электроном обменный квант будет соответствовать величине:

$$m_z c^2 = G\frac{m_{pl}^2}{\lambda_e}\alpha\left(\frac{m_e}{m_{pr}}\right) = m_e c^2 \alpha\left(\frac{m_e}{m_{pr}}\right)$$

Энергия связи при этой величине обменного кванта в соответствии с формулой (2.11) будет равна: $EJ_v = \frac{1}{2}\frac{(m_z c^2)^2}{m_e c^2} = \frac{1}{2} m_e c^2 \alpha^2 \left(\frac{m_e}{m_{pr}}\right)^2$

Определим количество атомов (что равнозначно в данном расчете количеству протонов) которое на этом расстоянии даст энергию взаимодействия равную EJ.

$EJ_v * K = EJ$, из этого условия имеем: $K = \frac{EJ}{EJ_v} = \alpha\left(\frac{m_{pr}}{m_e}\right)^2$

Для сохранения атома Бора необходимо в центре взаимодействия на расстоянии L_v иметь K масс протонов. Имеем обменный квант энергии $m_v c^2 = K m_{pr}$

В этом случае масса взаимодействующих объектов будет равна:

$$m_x c^2 = \frac{\left[\alpha\left(\frac{m_{pr}}{m_e}\right)^2 m_{pr} c^2\right]^2}{2 * EJ}$$

С увеличением расстояния составляющая величина поля сильного взаимодействия падает более интенсивно, чем электрическая.

Например, при $L \geq 1836 * 137^2 \lambda_e$ имеем: $\Delta m_e c^2 \cong 0.01$*эв.* при $\Delta m_p c^2 \Rightarrow 0$.

Рассмотрим макромир с позиций, выработанных в микромире.

Считаем, что между объектами в макромире взаимодействие есть результат возникновения обменного кванта макромира, который можно рассчитать как инверсию обменного кванта из микромира.

Данные о Планетах Солнечной системы вполне подходят для подобного расчета.

Таблица 1

1	2	3	4	5
Меркурий	$L_v = 57.91 * 10^{11}$ *см*	$m = 3.17 * 10^{26}$ *г.*	$8{,}61 * 10^{23}$ *г.*	$z = 6 - 7$
Венера	$L_v = 108.21 * 10^{11}$ *см.*	$m = 4.87 * 10^{27}$ *г.*	$3{,}00 * 10^{24}$ *г.*	z=3-4
Земля	$L_v = 149.6 * 10^{11}$ *см.*	$m = 5.977 * 10^{27}$ *г*	$5{,}76 * 10^{24}$ *г.*	z=4
Марс	$L_v = 227.9 * 10^{11}$ *см.*	$m = 6.4 * 10^{26}$ *г.*	$1{,}33 * 10^{25}$ *г.*	z=20
Юпитер	$L_v = 778.3 * 10^{11}$ *см.*	$m = 1.91 * 10^{30}$ *г.*	$1{,}56 * 10^{26}$ *г.*	z=1-2
Сатурн	$L_v = 1428 * 10^{11}$ *см.*	$m = 5.71 * 10^{29}$ *г.*	$5{,}24 * 10^{26}$ *г.*	z=4
Уран	$L_v = 2872 * 10^{11}$ *см.*	$m = 8.73 * 10^{28}$ *г.*	$2{,}12 * 10^{27}$ *г.*	z=8-9
Нептун	$L_v = 4498 * 10^{11}$ *см.*	$m = 1.03 * 10^{29}$ *г.*	$5{,}24 * 10^{27}$ *г.*	z=13

Расстояние Земли до Солнца в единицах длины волны электрона

$$L_{ze} = \frac{L_v}{\lambda\!\!\!^{-}_e} = 3.88 * 10^{23}$$

Согласно выше приведенным формулам, энергия обменного кванта между протоном и электроном на этом расстоянии будет выражаться в виде:

$$m_{zp}c^2 = \frac{m_e c^2}{L_{ze}} = 1.32 * 10^{-18}\,\text{мэв.}$$

Для сохранения энергии связи электрона на орбите Бора величину 13,6 эв требуется количество протонов равное:

$$K_p = EJ_б / m_{zp}c^2 = 1.03 * 10^{19}\,шт.$$

Это будет соответствовать массе: $m_{zv}c^2 = K_p m_p c^2 = 9.69 * 10^{21}\,\text{мэв.}$

Обменная энергия $m_{zv}c^2$ и сохранение энергии взаимодействия равной $13{,}6\,эв$ дают массу объекта по формуле:

$$m_z = \frac{(m_{zv}c^2)^2}{2EJ} * 1.67 * 10^{-24} = 5.76 * 10^{24}\,г.$$

Реальная масса планеты Земля равна $5{,}977 * 10^{27}\,г.$

В таблице 1 даны реальные массы Планет Солнечной системы и расчетные массы, соответственно в колонках 3 и 4.
Расхождение в величинах масс реальных с расчетными величинами составляет до трех порядков.
Расхождение вполне обосновано, так как макромир необходимо рассматривать как объект из микромира, начиная от атома водорода и кончая атомом алюминия (немного больше чем первый период таблицы элементов).
Корректировку необходимо провести в первом пункте расчета.
Для каждой из планет находится соответствие между зарядом атома его размерами и инверсии этого атома в массу планеты.
Оболочка первого электрона в зависимости от заряда атома корректируется по формуле $r = \frac{a_0}{z} = \frac{137\lambda\!\!\!^{-}_e}{z}$.

$$L_{ze} = \frac{L_v z}{137\lambda\!\!\!^{-}_e}$$

В дальнейшем расчет по пунктам не меняется. Корректировка дает высокую сходимость с реальными массами Планет.

2.12. Построение модели Суперпространство ТФКПП.

Модель Суперпространство ТФКПП согласно расчетам создавалась в три этапа.

На первом этапе исследовалась симметрия, задаваемая Числовым полем ТФКПП.

Исследовалась симметрия с позиции комбинации пространств, приводящих к возникновению в них зарядовых микрочастиц.

Исследовались комбинации, отвечающие зарядовым сопряжениям электрического, барионного, кваркового уровня (цветной заряд) и т.д.

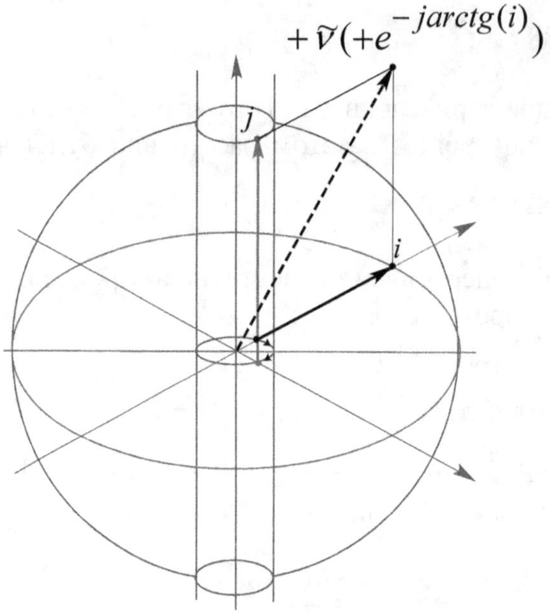

Рис 2.2. Подпространство отрицательного заряда с положительной спиральностью. Геометрическая интерпретация зарядового пространства в Эфире.

На втором этапе, согласно производимым расчетам по формулировки Эфира, будут введены параметры масс. Для этого достаточно заменить модули единичных комплексных векторов на величины, соответствующие размерам комптоновским длинам микрочастиц, оставив соответственно неизменным направления.

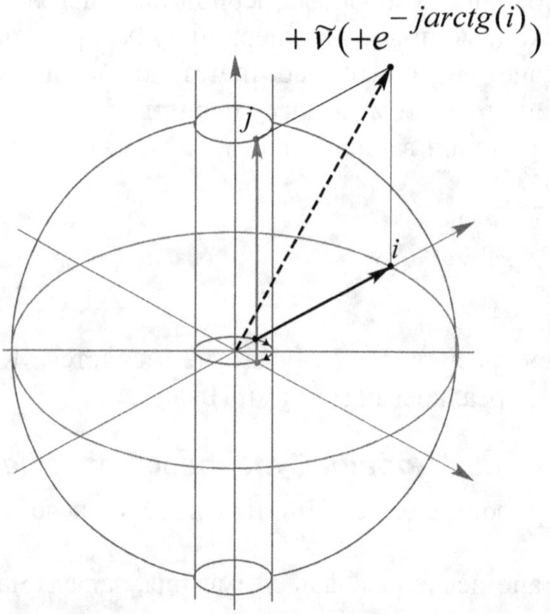

Рис 2.3. Энергетическое пространство электрона. Ипсилон туннель в сферических координатах состоит из мнимых точек $m_g\sqrt{0}e^{-jarktgi}$, изображенных в декартовых координатах.

При этом на концах векторов расположить массы Планка.

Третий этап соответствует переходу к суперкоординатам пространства Декарта. Расчет дает переход к суперкоординатам пространства Декарта, когда безразмерные линии из нульмерных точек переходят в цилиндры в сечении, соответствующие энергии потока, идущие в начало координат по изолированным направлениям.

Супердекартовое пространство есть замена нульмерных линий осей координат x, y, z на цилиндры ипсилон сечения $Xe^{ji}, Ye^{kj}, Ze^{ki}$, по которым идет движение энергии Эфира в узловую точку (начало координат).

Одномерные линии x, y, z рассматриваются как предельные $Xe^{ji}, Ye^{kj}, Ze^{ki}$.

Предельное сечение отвечает сечению предельной массы Планка и равно $\approx 10^{-33}$ см. Вибрируя предельная струна заметает ипсилон сечения струн микрочастиц.

2.13. Материя. Взаимодействия.

Определение понятия материи до настоящего времени нет. Утвердилось понятие вещественной и полевой материи. Но даже в этих понятиях нет четкого разгранечения.

Глубинный уровень материи есть объединение вещества-предельной массы и полевого взаимодействия, зависящего от структуры пространства, в котором расположено это вещество. Для нашего мира предельная масса определена тремя константами G,C,h.

Глубинный уровень иерархии материи, имеет наибольшую размерность пространства, определяет материю элементарных частиц.

Элементарные микрочастицы выступают веществом материи в другой иерархии материи другого измерения и т.д.

С точки зрения вложенности пространств, пространство одного измерения является веществом для другого измерения.

Вернёмся к рисунку 2.1. Расстояние R_z есть расстояние между материальными объектами (между их центрами масс).

Масса m_1c^2 представлена вещественной частью $m_v^1c^2$ и внутренней обменной массой $jim_v^1c^2$. Таким образом, масса представлена выражением $m_1c^2 = m_v^1c^2 \pm jim_v^1c^2 = m_v^1c^2(1 \pm ji) = m_v^1c^2\sqrt{0}e^{\pm jarktgi}$.

Это простейшая зарядовая структура в четырехмерном пространстве. Масса объекта m_1c^2 при взаимодействии сосредотачивается в изолированном направлении – туннеле $\sqrt{0}e^{\pm jarktgi}$, сечение которого определяется известными соотношениями микромира $r_g = \hbar / m_1c$ и макромира $r_g = Gm_1 / c^2$.

Объект массой m_2c^2 представляется выражением $m_2c^2 = m_v^2c^2\sqrt{0}e^{\pm jarktgi}$. Объект также является заряженным. Заряд объекта определяется образованием в его локальном пространстве подпространства делителей нуля, адекватное физически световому конусу.

Заряд подпространства, следовательно, и пространства объекта определяется знаком изолированного направления $\pm arktgi$.

При взаимодействии объекты по оси изолированных направлений образуют объект с величиной исходной массы равной $(m_1c^2 + m_2c^2)\sqrt{0}e^{\pm jarktgi}$.

В результате взаимодействия в пространстве создается объект, принадлежащий более высокому измерению.

Суммарная микрочастица обладает большей массой и большей массой обменного кванта и может находиться в пространстве большего числа измерений.

Комплексное пространство $[v] = \mathrm{Re}^{i\varphi + j\psi + k\sigma}$ содержит как неотъемлемую часть подпространство делителей нуля, которое является пространством взаимодействия. Материальное пространство является пространством взаимодействия, поэтому необходим переход в суперкомплексное материальное пространство согласно рис 1.1.

Объект имеет своё изолированное направление и свой ипсилон туннель, через который проходит энергия обменного кванта $m_v^{(3)} c^2 \sqrt{0} e^{\pm jarktgi}$.

Энергия обменного кванта выделяется из масс объектов в пространство более высокого измерения, то есть имеем:

$$m_3 c^2 = \left(m_1 c^2 + m_2 c^2\right)\sqrt{0} e^{jarktgi} \pm kjm_v^{(3)} c^2 \sqrt{0} e^{\pm jarktgi} =$$

$$= \left[\left(m_1 c^2 + m_2 c^2\right) \pm kjm_v^{(3)} c^2\right]\sqrt{0} e^{\pm jarktgi}$$

Преобразуем выражение в квадратных скобках:

$$\left(m_1 c^2 + m_2 c^2\right) \pm kjm_v^{(3)} c^2 = \sqrt{\left(m_1 c^2 + m_2 c^2\right)^2 - \left(m_v^{(3)} c^2\right)^2}\, e^{\pm karktgj\left(m_v^{(3)} c^2\right)/\left(m_1 c^2 + m_2 c^2\right)}$$

Введём обозначение: $\varphi = \pm karktgj\left(m_v^{(3)} c^2\right)/\left(m_1 c^2 + m_2 c^2\right)$

Таким образом, имеем суммарный объект

$$m_3 c^2 = \sqrt{\left(m_1 c^2 + m_2 c^2\right) - \left(m_v^{(3)} c^2\right)^2}\, e^{\pm jarktgi \pm karktgj\psi}$$

Первый и второй объекты при взаимодействии находятся в пространстве $[v] = R_0 e^{i\varphi + j\phi + k\psi}$. Объекты имеют заряды вследствие наличия изолированных направлений $\pm\, jarktgi$.

Суммарный объект находится в пространстве более высокой размерности

$[v] = R_1 e^{i\varphi + j\phi + k\psi}$. Объект имеет один заряд изолированного направления $\pm\, jarktgi$.

Энергия взаимодействия определяется по формуле Ньютона в пространстве $[v]$, и соответствует разнице исходной сумме энергий объектов и энергии этой суммы за вычетом энергии обменного кванта, который идет по изолированным направлениям.

$$EJ = G\frac{m_1 m_2}{R_z} = m_3 c^2 - \sqrt{\left(m_3 c^2\right) - \left(m_v^{(3)} c^2\right)}$$

Эта формула позволяет определить энергию обменного кванта:
В первом приближении имеем равенство:

$$m_v^{(3)} c^2 = \sqrt{2EJm_3 c^2}$$

В микромире, как неоднократно рассматривалось, при взаимодействии электрона с протоном обменный квант равен αmc^2.

В макромире взаимодействие планет с Солнцем осуществляется обменом энергией равной $m_v^{(3)} c^2 = m_z c^2 \sqrt{\dfrac{R_g}{R_z}}$.

Взаимодействие определяется энергией поля, охватываемого пространственной кривой C_3. Сечение ипсилон – туннеля, через которое проходит обменная энергия, взаимодействия равен:

$R_\varepsilon = \frac{1}{2} r_g \sqrt{\frac{R_g}{R_z}}$ (на рис не отмечен).

Таким образом, все параметры механизма взаимодействия определены.

2.14. ВЗАИМОДЕЙСТВИЕ В МИКРОМИРЕ.

Предельная вещественная часть материи задается через комбинацию постоянных величин: $G, \hbar, C$.

$$m_g = \hbar^{1/2} C^{1/2} G^{-1/2} \qquad 2.12$$

Расчёт даёт величину $m_g = 2.177 * 10^{-5} г$.

Величина предельной массы локализована в пространстве линейных размеров

$$L_g = \hbar^{1/2} G^{1/2} C^{-3/2} \cong 1.614 * 10^{-33} см. \qquad 2.13$$

В одномерном пространстве по формуле Ньютона имеем соотношение

$$G \frac{m_g m_g}{L_g} = m_g C^2 \qquad 2.14$$

Взаимодействие предельных масс Планка на предельном расстоянии даёт энергию предельной массы. Формула (2.14) есть комбинация формул (2.12),(2.13).

Формула (2.14) предельная формула Ньютона для микрочастиц:

$$G \frac{m_g^2}{\lambda_i} = m_i C^2 \qquad 2.15$$

Формула Ньютона справедлива от линейных размеров микромира до линейных размеров макромира. Механизм взаимодействия по формуле Ньютона не известен.

В предыдущих главах доказано, что реализация взаимодействия по формуле Ньютона происходит в суперкомплексном пространстве ТФКПП, так как оно соответствует пространству всего набора иерархии микрочастиц.

Взаимодействие происходит с предельной скоростью *C*, поэтому предельные массы должны располагаться так, чтобы образовывать туннель как адекватная структура светового конуса. Трактовка передачи взаимодействия между объектами по одномерной линии, соединяющей их центры несостоятельна.

Из этих соображений перейдем к объединению модели комплексного пространства с пространством взаимодействия по формуле Ньютона. Для этого достаточно на концах векторов с модулем равным комптоновской длине микрочастицы расположить предельные массы Планка.

В этом случае пространство взаимодействия локализуется в пространство предельных размеров L_g.

Формула (2.14) дает заполнение пространства предельными массами Планка, взаимодействие между которыми приводит вновь к массе Планка. Это есть одно из обоснований свойств Эфира.

Сделаем переход от исследования симметрии, которые даются пространством ТФКПП к энергетическим свойствам этой симметрии.

Согласно формуле (2.15) микрочастица это новый уровень взаимодействия в иерархии материи. Взаимодействие двух масс Планка на расстоянии комптоновской длины микрочастицы дает значение её энергетической массы.

Формулы (2.14) и (2.15) дают возможность выразить взаимодействие на уровне микрочастиц в виде:

$$EJ = G\frac{m_g^{\ 2}}{\lambda_i} = 2m_g c^2 - \sqrt{\left(2m_g c^2\right)^2 - \left(m_v c^2\right)^2}$$

В первом приближении будем иметь:

$$EJ = G\frac{m_g^{\ 2}}{\lambda_i} = \frac{1}{2}\frac{\left(m_v c^2\right)^2}{2m_g c^2} \qquad 2.16$$

Одновременно с этим формула (2.15) дает равенство

$$EJ = G\frac{m_g^{\ 2}}{\lambda_i} = m_i c^2,$$

которое утверждает, что энергия связи между массами Планка есть энергия микрочастицы.

Становится понятным появление виртуальных микрочастиц в вакууме. Таким образом, пришли ко второму свойству Эфира. Принципиально обоснована концепция эфира Д.И. Менделеева. Эфир состоит из атомов (в данном случае предельных масс Планка), свойства и взаимодействия которых постепенно выясняются.

Из формулы (2.16) имеем:

$$m_v c^2 = \sqrt{4m_g c^2 G\frac{m_g^{\ 2}}{\lambda_i}} = 2m_g c^2\sqrt{\frac{L_g}{\lambda_i}} \qquad 2.17$$

ГЛАВА 3. КЛАССИФИКАЦИЯ МИКРОЧАСТИЦ. СТРУКТУРА ФИЗИЧЕСКОГО ПРОСТРАНСТВА МИКРОЧАСТИЦ СООТВЕТСТВУЕТ СТРУКТУРЕ МНОГО СВЯЗНОГО КОМПЛЕКСНОГО ПРОСТРАНСТВА.

3.1. Модели микрочастиц в гравитационном электрическом и лептонном комплексном пространстве. Соответствие между изолированными направлениями в комплексном пространстве и зарядовыми сопряжениями микрочастиц. Квантовые числа микрочастиц отражение много связности комплексного пространства.

Всеобщая взаимосвязанность и взаимопревращаемость элементарных частиц свидетельствует о том, что каждая частица состоит из комбинации таких же элементарных частиц или в сущности существует единая первооснова или единая общая первоматерия (как принято говорить).

В этой главе классификация микрочастиц проведена совершенно на новой основе, чем это осуществлено (неуспешно) в настоящее время. С этих позиций критика существующих классификаций становится ненужной.

За первооснову – первоматерию принято комплексное пространство, в котором локальная концентрация энергии происходит в соответствии с его структуризацией. В свою очередь будет показано, что свойства микрочастиц, закодированные современными экспериментаторами (спин, изоспин, заряды и т.д.) есть отражение свойств комплексного пространства.

Экспериментальная и теоретическая физика установила, что микрочастица это частица вещества и полевой материи. Полевая материя является переносчиком взаимодействия. Теоретическая физика стремится к созданию единой теории поля, к объединению всех полей взаимодействия: гравитационного, слабого, сильного и т.д. Поля описываются матрицами, уравнениями, всевозможными комбинациями матриц числовых с векторными полями. Например, классическая физика имеет дело с двумя типами объектов-частицами и волнами, осуществляющими взаимодействие между частицами. Квантовая физика устранила эту двойственность, рассматривая частицы и волны как проявление свойств одного и того же объекта. Квантовые поля вводятся для описания частиц и взаимодействия между ними. Поля зависят от координат и времени и описывают так называемое, локальное состояние вакуума. Поля представляют математические объекты, определяемые операторами и не являются больше обычными комплексными функциями.

Предсказательная сила полевых теорий к настоящему времени не дает основания утверждать, что описано то полевое пространство, в котором существуют объективно все формы материи. Не выяснен код структуризации пространства с ростом ее размерности. Экспериментаторы открывают все новые микрочастицы и резонансы, наделяя их новыми зарядовыми спряжениями. Открыто пять кварков и предсказывается открытие шестого. Таким образом, количество единиц, претендующих на фундаментальные увеличивается. Не указана та симметрия, которая отвечает за электрический или лептонные заряды и т.д. Многие характеристики микрочастиц закодированы и не имеют связи с характеристиками того пространства, в котором определены эти микрочастицы. Все это говорит о том, что к настоящему времени нет того математического пространства, которое претендует по своим характеристикам на описание пространства объективно существующей материи. Экспериментаторы в связи, с этим открывая все новые частицы вскрывают все новые характеристики пространства, в котором реализован объективный мир. Преобразования Лоренца и открытие интервала Минковским остается самым существенным вкладом в изучение пространства.

Физика микрочастиц открывая новые микрочастицы одновременно открывает закономерности математического аппарата, который описывает поля и предсказывает в них то или иное физическое явление (каналы распада микрочастиц или их образование). В настоящее время нет описания пространства, обладающего той связностью, которая рас кодировала бы тот огромный материал, который накоплен в экспериментах. Фундаментальное понятие связности, которое дало особенно сильные результаты в теории Коши, вообще не отражено при классификации микрочастиц.

Таким аппаратом являются методы теории функций пространственного комплексного переменного (ТФКПП). Структура много связного пространства, описываемая этим аппаратом, соответствует структуре физического пространства микрочастиц.

Всеобщая взаимосвязность и взаимопревращаемость элементарных частиц говорит о наличии единого энергетического поля и единого математического аппарата. Локальная структуризация поля, вызванная концентрацией энергии в замкнутом объеме, воспринимается как микрочастица, которая может сохранять свои структурные параметры определенное время без изменения. Варианты локальной концентрации энергии, приводящие к образованию микрочастицы находятся в прямой зависимости от свойств поля. Эти свойства в экспериментальных исследованиях характеризуются квантовыми числами микрочастиц: фундаментальное свойство заряда быть положительным и отрицательным; заряды: электрический, лептонный, барионный; спины частиц: спин и изотопический спин; заряды: странность, шарм, и так далее, цветовой заряд.

Это многообразие экспериментальных данных необходимо поставить в однозначное соответствие алгебре и геометрии комплексного пространства.

4-х мерное комплексное пространство в общем координатном виде представляется в виде

$$\Psi_{n=4} = \rho e^{i\varphi} + jre^{j\alpha} + kcte^{i\gamma + j\beta} \qquad (3.1.1.)$$

Микрочастица есть локальная структуризация энергии в пространственно временном комплексном пространстве.

Введенное и исследованное в числовом поле пространство обладает преимуществом перед другими тем, что имеет подпространства делителей нуля, которое может интерпретироваться как полевое пространство. На рис 1.1 показано образование мнимой точки этого подпространства. Две составляющие координаты имеют мнимый суммарный модуль. Таким образом, наряду с действительным модулем, который отвечает за частицу вещества, в пространстве каждая точка имеет мнимый модуль, который отвечает за полевую часть материи-микрочастицы. Геометрическая интерпретация комплексного пространства и подпространства делителей нуля подробно изложены [2]. В плоскости сингулярность, ответственная за много связность, определяется делением на ноль. В пространстве наряду с этим сингулярность определяется наличием делителей нуля, которые образуют в начале сферических координат сферическую ε-окрестность радиуса корня из нуля с изолированным направлением $e^{\pm jarktgi}$. С этой особенностью комплексного пространства связана его много связность. С увеличением размерности пространства появляются новые изолированные направления, например $e^{\pm karktgj}$. Пространства разной по величине размерности взаимодействуют между собой через вложенные друг в друга изолированные направления. Много связность пространства характеризуется как комбинацией различных изолированных направлений ($e^{\pm jarktgi}, e^{\pm karktgj}$) так и их количеством на каждом уровне. Условно это можно обозначить выражением $\lambda e^{\pm karktgj}(\beta e^{\pm jarktgi})$, где скобки означают, что β изолированных туннелей $e^{\pm jarktgi}$ вложено в изолированные туннели $\lambda e^{\pm karktgj}$. Энергия, протекающая через эти комбинации изолированных туннелей, является энергией поля этой структуры. Принцип насыщение энергией туннелей лежит в основе полевого взаимодействия пространств. Этот принцип позволил вывести формулу энергии связи атомных ядер [2].

В [2] преобразования Лоренца, которые являются основными в математическом аппарате теории относительности, реализованы в комплексном пространстве чисел. Координатная запись преобразований Лоренца и пространство Минковского исключили из рассмотрения математический аппарат, который отвечает за полевую материю. Комплексное пространство является наиболее полным и более адекватно отражает процессы физического мира.

Определена симметрия пространства, которая отвечает за фундаментальные свойства заряда. В пространстве Минковского такую симметрию не удалось найти до настоящего времени, так как она (симметрия положительного и отрицательного заряда) была выброшена алгеброй, применяемой при определении интервала. Гравитационно-электрический потенциал в комплексном выражении установил, что за положительный заряд любого структурного уровня отвечает положительное изолированное направление типа $e^{+karktgj}, e^{+jarktgi}$, за отрицательный заряд $e^{-karktgj}, e^{-jarktgi}$. Оба заряда могут быть образованы как в верхней так и нижней полусфере $\pm e^{\pm karktgj}, \pm e^{\pm jarktgi}$.

Свойство пространства образовывать положительный и отрицательный заряды в верхней и нижней полусфере закодировано в теоретической физике как наличие спина у частицы. Спиновой момент поворачивает заряд на угол $e^{i\pi}$ без изменения знака частицы. Электрон в атоме водорода может повернуться на 180 градусов не меняя своего зарядового сопряжения.

Пространство (3.1.1) имеет кроме этих двух зарядовых направлений третье $e^{karktgi}$, связанное с комплексом $(1 \pm ki)$. Это направление отличается от двух предыдущих. Мнимый суммарный вектор имеет начало из центра цилиндрической оси $\rho e^{i\varphi}$. Энергетический расчет должен ответить на вопрос с каким известным зарядовым сопряжением связан этот комплекс: с фотоном или магнитным зарядом.

Комплекс (3.1.1) путем выделения изолированных направлений может быть последовательно преобразован

$$\Psi_{n=4} = (\rho e^{i\varphi} \pm ire^{i\alpha}) + re^{i\alpha}(j \mp i) + kcte^{i\gamma + j\beta}$$

$$\Psi_{n=4} = (\rho e^{i\varphi} \pm ire^{i\alpha} \pm jcte^{i\gamma + j\beta}) + re^{i\alpha}(j \mp i) + cte^{i\gamma + j\beta}(k \mp j)$$

Из первого члена выделим направление $(j + i)$

$$(\rho e^{i\varphi} \pm ire^{i\alpha} \mp cte^{i\gamma}\sin\beta) \pm jcte^{i\gamma}\cos\beta$$

Подставляя это выражение в предыдущее получим

$$\Psi_{n=4} = (\rho e^{i\varphi} \pm ire^{i\alpha} \mp cte^{i\gamma}\sin\beta)$$

$$+ re^{i\alpha}(j \mp i) + kcte^{i\gamma + j\beta}(k \mp j) \pm cte^{i\gamma}(j+i)$$

Таким образом, комплекс представлен как сумма изолированных направлений с весовыми коэффициентами, которые для каждого члена обозначим через *а, б, с, д*, так что будем иметь

$$\Psi_{n=4} = a + b(j \pm i) + c(k \pm j) + d(j+i) \qquad (3.1.2)$$

Современная классификация микрочастиц позволяет представить микрочастицу как сумму изолированных направлений со своим набором весовых коэффициентов.

Структура микрочастиц формируется в комплексном пространстве, определенном на базе алгебры с операциями обычных действительных чисел. Делители нуля также подчиняются обычным операциям с действительными числами. Комплекс объединяет пространство чисел действительного модуля с подпространством чисел, не имеющих модуля. Делители нуля не имеют суммарного модуля. Подпространство делителей нуля адекватно световому конусу в цилиндрических координатах и сворачивается в изолированные направления в сферических координатах. Изолированные направления создают пространственную сингулярность и разные уровни связности.

Микрочастица является многосвязным пространственным образованием, вложенных друг в друга изолированных туннелей.

Таблица стабильных и квазистабильных частиц включает: фотон, лептоны, мезоны, барионы, кварки. Мезоны, барионы, кварки кроме электрического заряда имеют странный заряд, очарованный, прелестный. В настоящее время ищут частицу с зарядом правдивости. Лептонный уровень включает нейтрино электронное, мюонное, тау-нейтрино и соответственно электрон, мюон, тау-лептон. Кодировка физических свойств микрочастиц говорит о том, что физика элементарных частиц не имеет математического аппарата для описания многообразия свойств микромира.

Алгебра комплексного пространства и его геометрия доказывают, что все известные уровни микрочастиц подчиняются одной схеме структуризации в пределах комбинаций всего двух зарядовых сопряжений ($\lambda e^{\pm karktgj}(\beta e^{\pm jarktgi})$. Такое пространство представлено как гравитационно-электрическое пространство. В этом пространстве две оси представляют цилиндры ε – радиуса, третья ось есть два соосных цилиндра $\varepsilon_1, \varepsilon_2$ -радиусов, в пространство между которыми вписываются цилиндры ε -радиуса. Эти цилиндры есть изолированные направления –туннели. Цилиндры (–оси-туннели) ε -радиуса заполнены нейтральными ε -сферами действительного радиуса. Эти сферы можно идентифицировать как γ – кванты.

Как не фантастично это воспринимается, однако подтверждается экспериментально по выявленным каналам распада частиц, законами сохранения и так далее ...

3.2. Квантовые числа кварков есть следствие многосвязности пространства.

Структура нейтрино электронного, мюонного, тау-нейтрино (частицы соответственно обозначаются $\nu_e, \widetilde{\nu}_e, \nu_\mu, \widetilde{\nu}_\mu, \nu_\tau, \widetilde{\nu}_\tau$) определена в пространстве $\sigma = (\alpha + i\beta) + j(\gamma + ic)$. Исследования этого комплекса проведены в главе 1. Комплекс в сферических координатах имеет в пространстве делителей нуля изолированное направление в виде $\pm e^{\pm jarktgi}$, которое принимаем за лептонный заряд $L_\nu = \pm e^{\pm jarktgi}$.Лептонных изолированных направлений может быть четыре: два имеют направление в верхнее пространство – полусферу $L_\nu = +e^{\pm jarktgi}$, два в нижнее полупространство -полусферу $L_\nu = -e^{\pm jarktgi}$. Электронное нейтрино ν_e представляет замкнутое комплексное пространство мнимого радиуса. В координатном виде это можно написать в виде $\nu_e = \lambda(1 \pm ji) = \lambda\sqrt{0}e^{\pm jarktgi}$, где λ - коэффициент пространственной или энергетической характеристики частицы (в общем случае это комптоновская длина волны $\lambda = \lambda_\nu^{kompt}$). На рис. 3.1, 3.2 даны модели электронного нейтрино с положительной +1 спиральностью, и отрицательной спиральностью -1 соответственно. Спиральность определяется тривиальном методом: поворот составляющей мнимого радиуса против или по часовой стрелки (относительно направления вертикальной оси) до совмещения ее начальной исходной точки до начальной точки вертикальной составляющей этого радиуса на минимальный угол $\varphi = \pm\pi/2$.На рис 3.1, 3.2 повороты обозначены стрелочками.

Модели электронного нейтрино и антинейтрино отражают самое существенное в структуре этих частиц. Энергия, которая создает эти устойчивые структуры, распределяется в пространстве, создавая соответствующие изолированные направления лептонного заряда и спиральность.

Электронное антинейтрино $\widetilde{\nu}_e$ представлено на рис. 3.3, 3.4. Антинейтрино может иметь два варианта отрицательного изолированного направления также в верхнее и нижнее полупространство и два значения спиральности ± 1. Соответственно электронное антинейтрино может быть выражено в координатном виде $\widetilde{\nu}_e = \lambda(1 - ji) = \lambda\sqrt{0}e^{-jarktgi}$.

Аннигиляция нейтрино и антинейтрино приводит к образованию двух гамма квантов. Согласно алгебре комплексных чисел имеем $\nu + \widetilde{\nu} = \lambda(1 + ji) + \lambda(1 - ji) = 2\lambda$. Возможны и другие варианты $\nu + \widetilde{\nu} = \lambda(1 - ji) - \lambda(1 - ji) = 2ji$. Гамма–квант имеет действительный модуль. Направление гамма кванта определяется его коэффициентами $\pm ji, \pm 1$ и зависит от спиральности нейтрино и антинейтрино.

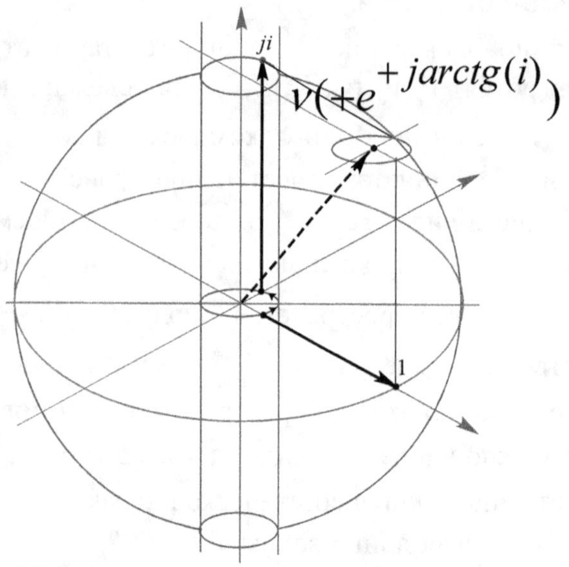

Рис 3.1 Модель связности координатной системы электронного нейтрино с положительной спиральностью. Глюонное поле создает изолированное направление положительного лептонного заряда.

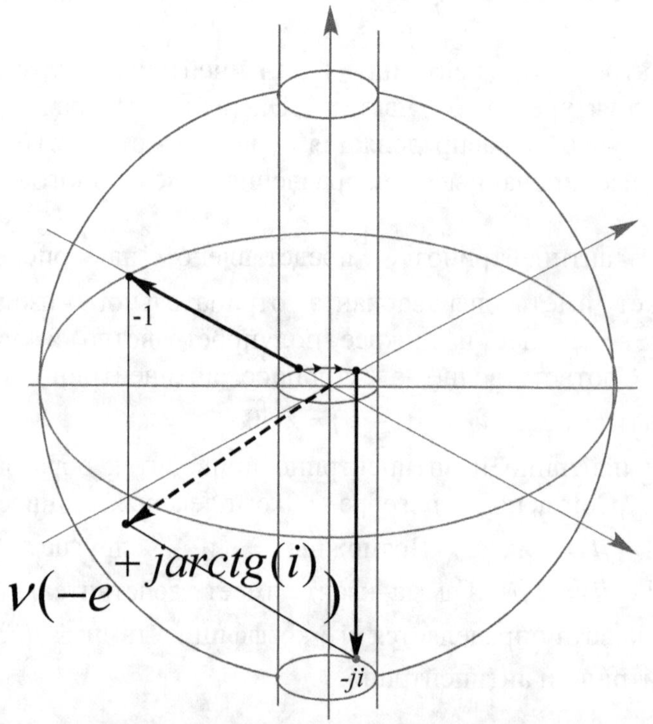

Рис 3.2. Модель связности координатной системы электронного нейтрино с отрицательной спиральностью. Структура глюонного поля имеет изолированное положительного направления лептонного заряда.

Аннигиляция есть образование в нейтринном пространстве скомпенсированных лептонных ε_{L_e} - туннелей, которое приводит к росту многосвязности замкнутого пространства и увеличению его массы. Известные к настоящему времени массы таковы:

$46\text{эв} > \nu_e, \tilde{\nu}_e > 14\text{эв}$,

$0.52\text{Мэв} > \nu_\mu, \tilde{\nu}_\mu$,

$250\text{Мэв} > \nu_\tau, \tilde{\nu}_\tau$.

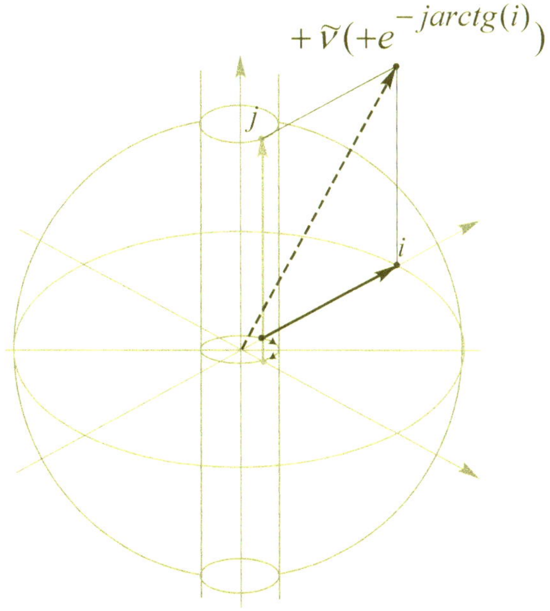

Рис 3.3 Модель связности координат электронного антинейтрино с положительной спиральностью. Лептонный заряд отрицателен.

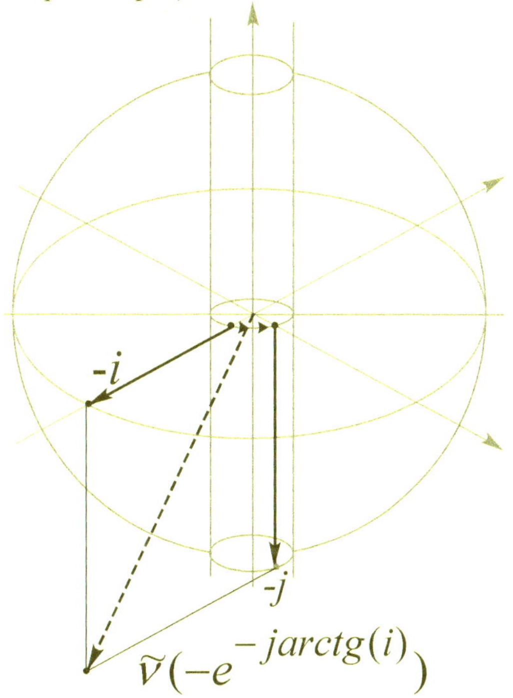

Рис 3.4. Модель связности короодинат электронного антинейтрино с отрицательной спиральностью. Лептонный заряд отрицателен.

Увеличение массы частицы с одинаковыми свойствами есть следствие роста многосвязности пространства за счет возникновения скомпенсированных лептонных туннелей.

Модель мюонного нейтрино ν_μ и мюонного антинейтрино $\widetilde{\nu}_\mu$ повторяет модель электронного ν_e нейтрино и антинейтрино $\widetilde{\nu}_e$ с добавлением к ней скомпенсированного одного лептонного туннеля (фактически гамма кванта удерживаемого в замкнутом объеме частицы).

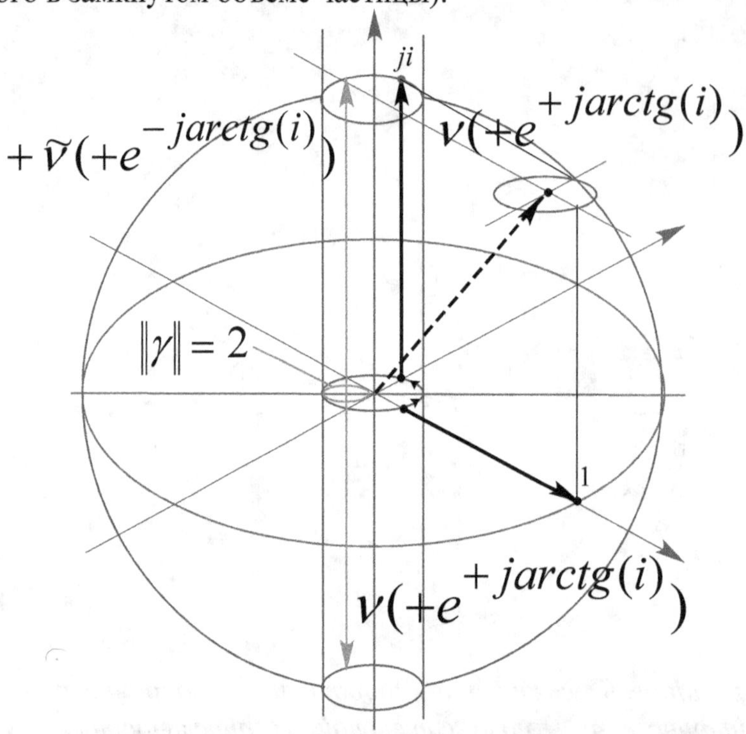

Рис. 3.5 Модель свяности координат мюонного нейтрино. Скомпенсированный лептонный туннель определяет гамма квант с весовым коэффициентом равным $\|\gamma\| = 2$.

Скомпенсированный туннель имеет свои характеристики и в дальнейшем структура, включающая один такой туннель, получила название странного заряда – S. На рис 3.5, 3.6 даны модели мюонного нейтрино. Мюонное нейтрино состоит из комбинации трех электронных нейтрино, две частицы из которых образуют скомпенсированный лептонный туннель. Чтобы не загромождать геометрические построения перейдем к изображению частиц через условное представление многосвязного пространства. На рис 3.7, 3.8 дано изображение частиц мюонных нейтрино взамен моделям на рис 3.5, 3.6. Модель электронного нейтрино и антинейтрино через многосвязность пространства представлены на рис 3.9, 3.10 в соответствии с рис 3.1, 3.2.

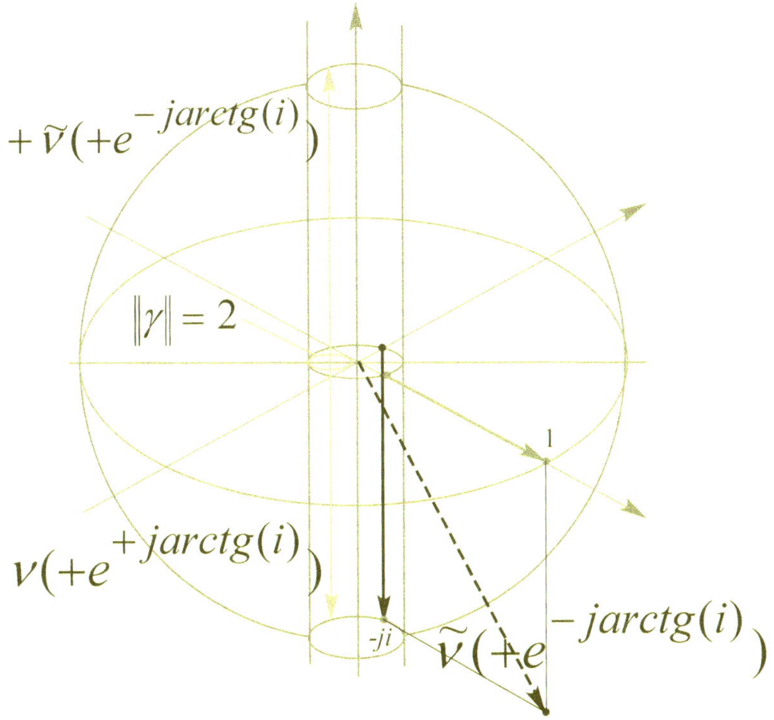

Рис. 3.6 Модель связности координат мюонного антинейтрино. Скомпенсированный лептонный туннель дает гамма квант с весовым коэффициентом $\|\gamma\| = 2.$

Модели микрочастиц изображены в виде линий и их пересечений в виде точек. Такое изображение не соответствует реальности. В комплексном пространстве линии это предел, к которому стремяться цилиндры эпсилон радиуса в сечении. Поэтому модели отображают скорее динамику формирования пространств микрочасиц. Характеристики микрочастиц требуется в дальнейшем внести в схему модели (это вес, линейные размеры, …) Схемы построения должны уточнить пересечение линий в начале координат и т.д.

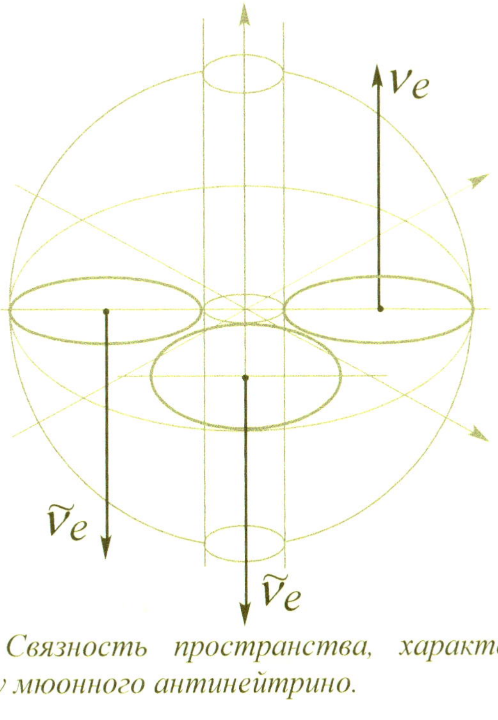

Рис 3.7. Связность пространства, характеризующее структуру мюонного антинейтрино.

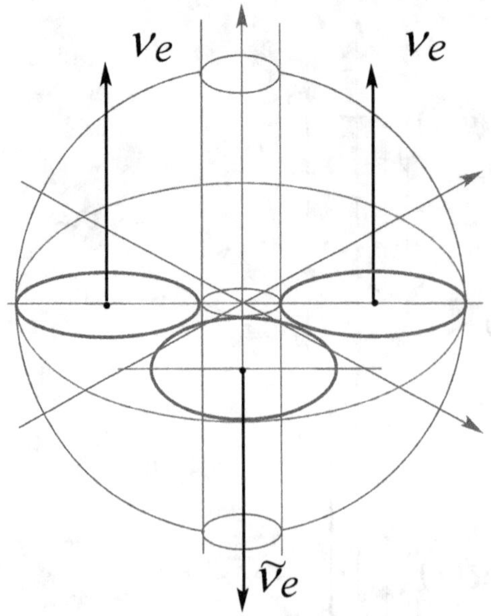

Рис. 3.8 Связность пространства, характеризующего мюонное нейтрино.

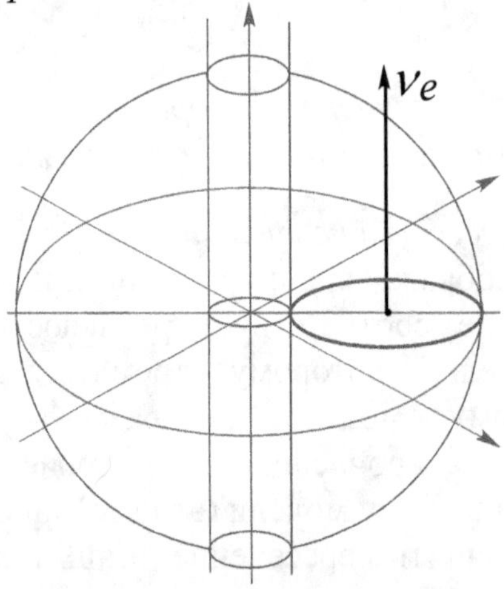

Рис 3.9. Связность пространства, характеризующая структуру нейтрино.

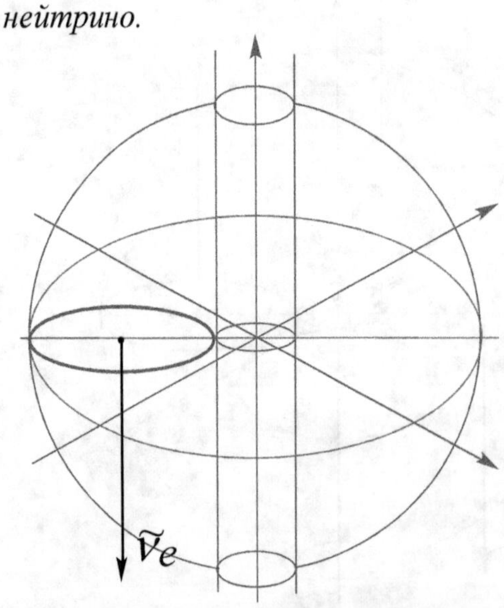

Рис 3.10. Связность пространства, характеризующее структуру антинейтрино.

Дальнейшее увеличение связности лептонного пространства может идти за счет роста количества скомпенсированных туннелей. Тау–нейтрино $\tilde{\nu}_\tau$ и тау-антинейтрино $\tilde{\nu}_\tau$ отличаются от мюонного нейтрино дополнительным скомпенсированным L_{ν_e} -туннелем. Появление дополнительного скомпенсированного туннеля закодировано как заряд *C* и так далее *B*, *t*.

Модели этих частиц в представлении многосвязности имеют вид, представленный на рис 3.11, 3.12.

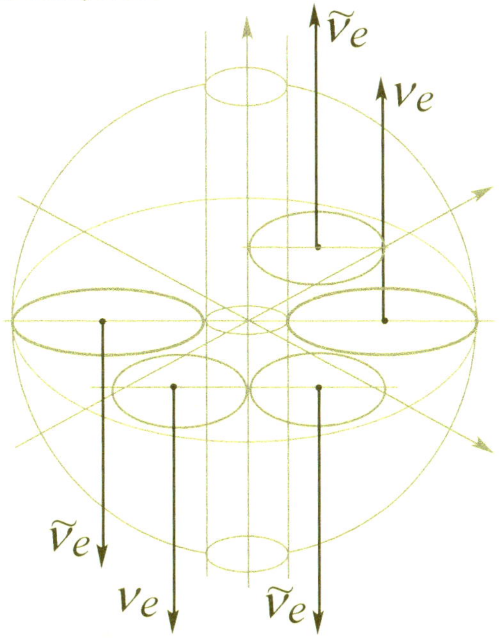

Рис 3.11. Модель тау-нейтрино имеет два скомпенсированных лептонных туннеля с весовыми коэффициентами $\|\gamma\| = 2$

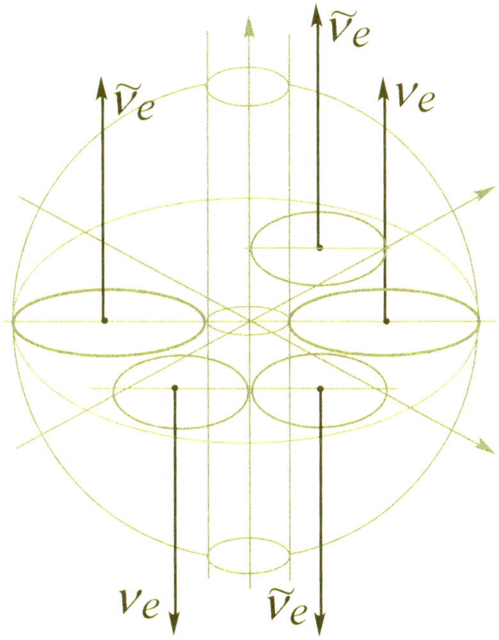

Рис. 3.12. Модель тау-нейтрино имеет два скомпенсированных лептонных туннеля с весовым коэффициентом $\|\gamma\| = 2$

Электронно-лептонный уровень.

Разработанные модели открывают возможность для расчета вариантов дальнейшего роста многосвязности. В этих вариантах могут учитываться скомпенсированные тау-лептонные туннели (двойные лептонные туннели) и так далее. Математически нейтринный уровень бесконечен по образованию все более тяжелых нейтринных частиц. Нейтринный уровень заполняет пространство изолированного электрического туннеля $\pm e^{\pm karktgj}$, образованного в комплексном пространстве более высокой размерности. Эксперименты установили три вида нейтрино: электронное, мюонное, тау-нейтрино. При определенных энергетических условиях возможно заполнения нейтринного пространства различными комбинациями, например $\nu_e\nu_\mu\nu_\tau, \nu_e\nu_\mu, \nu_e\nu_\tau, \nu_\mu\nu_\tau$, а также одновременно комбинациями из этих комбинаций, например $\nu_e + \nu_e\nu_\mu + \nu_e\nu_\mu\nu_\tau$, скомпенсированных антинейтринными комбинациями. При такой комбинации микрочастица будет иметь одновременно комбинацию из зарядов $\pm L_{\nu_e}, \pm L_{\mu_e}, \pm L_{\tau_e}$. Частицы с такими комбинациями зарядов, возможно, будут в дальнейшем обнаружены.

Электрический уровень структурируется, образуя лептонные частицы. Структуризация идет по тем же схемам, что и на нейтринном уровне. Комбинация электрического и лептонного зарядов дают электрический – лептонный заряд.

Схемы зарядовых сопряжений частиц микромира.

Вопрос о нахождении зарядовых сопряжений, приводящих к их самокомпенсации, необходимо решать с применением кварковой систематизации, так как неизвестны те условия, при которых электронный заряд переходит в лептонный и наоборот. Из предыдущей схемы построения моделей можно установить две комбинации, приводящие к образованию нейтральной частицы. В соответствии с каналами распада такой нейтральной частицей следует считать нейтральный π^0-мезон. Нейтральный мезон распадается по схеме $\pi^0 \Rightarrow 2\gamma$. Поэтому принимаем следующею схему скомпенсированных лептонно - электрических туннелей. $\pi^0 \Rightarrow e^+_{\tilde{\nu}_e} + e^-_{\nu_\mu} + e^-_{\nu_e} + e^+_{\tilde{\nu}_\mu}$.

Один электрический туннель скомпенсирован как по электрическому заряду, так и лептонному электронным нейтрино, второй мюонным нейтрино. Равновероятная комбинация кварковой структуры нейтрального пи-мезона позволяет выразить электрический заряд кварков и антикварков u, u^q, d, d^q через комбинации электронно-лептонного заряда.

$$Q(u) = \alpha + \beta = e^+_{\tilde{\nu}_e} + e^-_{\nu_\mu}$$

$$Q(u^q) = \gamma + c = e^-_{\nu_e} + e^+_{\tilde{\nu}_\mu}$$

$$Q(d) = \gamma + \beta = e^-_{\nu_e} + e^-_{\nu_\mu}$$

$$Q(d^q) = \alpha + c = e^+_{\tilde{\nu}_e} + e^+_{\tilde{\nu}_\mu}$$

Нейтральный пион составлен из суммы четырех простейших зарядовых сопряжений. В пределах этой суммы составлены комбинации зарядовых сопряжений кварков и антикварков, так что зарядовое сопряжение нейтрального пиона соблюдается в комбинациях uu^q, dd^q. Это условие соответствует кварковой комбинации в современной классификации микрочастиц.

Нейтральный пион можно составить и из зарядовых сопряжений с участием тау-нейтрино типа $e^-_{\nu_\tau}, e^+_{\tilde{\nu}_\tau}$ и так далее. На логику расчета это не повлияет.

Зарядовые сопряжения для нейтрино, антинейтрино, электрического туннеля в соответствии с моделями, разобранными выше эквивалентны следующим выражениям

$$\nu = 1 + ji$$
$$\widetilde{\nu} = 1 - ji$$
$$\nu_\mu = 1 + ji + 1 - ji + 1 + ji = 3 + ji$$
$$\widetilde{\nu}_\mu = 1 + ji + 1 - ji + 1 - ji = 3 - ji \qquad (3.2.1.)$$
$$e^- = 1 - kj$$
$$e^+ = 1 + kj$$

Зарядовые сопряжения - связь протранств, характерная различным микрочастицам.

$$e^+_{\tilde{\nu}_e} = (1 + kj)(1 - ji) = 1 + kj - ji + ki$$
$$e^-_{\nu_e} = (1 - kj)(1 + ji) = 1 - kj + ji + ki$$
$$e^+_{\tilde{\nu}_\mu} = (1 + kj)(3 - ji) = 3 + 3kj - ji + ki \qquad (3.2.2.)$$
$$e^-_{\nu_\mu} = (1 - kj)(3 + ji) = 3 - 3kj + ji + ki$$

Так что, суммируя все строчки (3.2.2) получим в итоге зарядовое сопряжение нейтрального пиона в виде

$$\pi^0 = uu^q = dd^q = 8 + 4ki$$

С изолированным направлением $e^{\pm karktgi} \approx 1 \pm ki$ связываем гравитационный заряд. Нейтральный пион составленный из суммы электрических и лептонных зарядовых сопряжений нейтрален. Структура нейтрального пиона имеет гравитационный туннель $\pi^0 = 4 + 4e^{karktgi}$.

Из четырех зарядовых сопряжений нейтрального пиона можно составить еще две комбинации

$$\chi = e^-_{\nu_\mu} + e^+_{\tilde{\nu}_\mu}$$
$$\phi = e^+_{\tilde{\nu}_e} + e^-_{\nu_e} \qquad (3.2.3.)$$

Первое зарядовое сопряжение есть гамма квант. При переходе к пространственным направлениям получим комплекс

$$\chi = 6 + 2ki = 4 + 2(1 + ki) = 4 + 2e^{karktgi}$$

Второе обозначим как фотон

$$\phi = 2 + 2ki = 2e^{karktgi}$$

Сумма гамма кванта и фотона дает зарядовое сопряжение нейтрального пиона $\pi^0 = 6 + 2ki + 2 + 2ki = 8 + 4ki = 4 + 4(1 + ki) = 2\chi_1$

Гравитационно изолированное направление алгебраически обладает всеми свойствами изолированного электрического и лептонного направления. Это направление может быть скомпенсировано (например до весового коэффициента равного 4 как в пионе), а также сопрягаться с другими направлениями.

Современная теория микрочастиц дает следующий кварковый состав известных стабильных частиц. Протон состоит из двух u и одного d-кварка *(u+u+d)*, нейтрон – из одного *u* и двух *d*-кварков *(u+d+d)*, π^+-мезон описывается комбинацией *u*-кварка и d^q-антикварка ($u+d^q$), π^0-мезон предлагают рассматривать как равновероятную суперпозицию комбинаций ($u+u^q, d+d^q$). Этих комбинаций достаточно для определения численного значения электронно-лептонного заряда кварка. Введенные обозначения и предлагаемая структура кварков дает систему уравнений

$$\alpha+\beta+\gamma+c=0$$
$$\alpha+\beta+\alpha+c=+1$$
$$2\alpha+3\beta+\gamma=+1$$
$$\alpha+3\beta+2\gamma=0$$

Определитель системы равен 0. Это означает, что возможно бесконечное множество комбинаций соотношений между неизвестными, которые попарно дадут один и тот же результат. Решение имеет вид

$$\alpha+c=-1/3$$
$$\gamma+c=-2/3$$
$$\gamma+\beta=+1/3$$
$$\alpha+\beta=+2/3$$

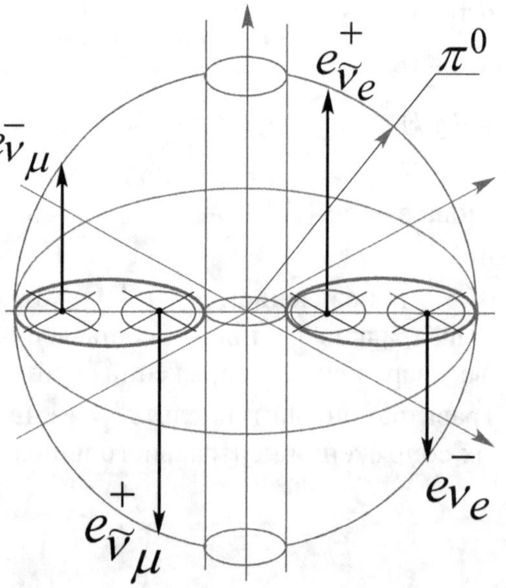

Рис. 3.13. Связность зарядовых сопряжений в структуре нейтрального пи-мезона.

Таким образом, получены значения электрического заряда каждого кварка в точном соответствии с теорией.

$$Q(u)=Q\left(e_{\tilde{\nu}_e}^{+}+e_{\nu_\mu}^{-}\right)=2/3$$
$$Q(u^q)=Q\left(e_{\nu_e}^{-}+e_{\tilde{\nu}_\mu}^{+}\right)=-2/3$$
$$Q(d)=Q\left(e_{\nu_e}^{-}+e_{\nu_\mu}^{-}\right)=-1/3$$
$$Q(d^q)=Q\left(e_{\tilde{\nu}_e}^{+}+e_{\tilde{\nu}_\mu}^{+}\right)=1/3$$

Модель π^0- мезона представлена на рис 3.13. Двойная комбинация кварков uu^q, dd^q отвечает одной модели.

Если обозначить $\alpha=k\beta$, то будем иметь систему

$$\alpha=\frac{2}{3}\frac{k}{k+1}, \beta=\frac{2}{3}\frac{1}{k+1}, \gamma=-\frac{1}{3}-\frac{2}{3}\frac{1}{k+1}, c=-\frac{1}{3}+\frac{2}{3}\frac{1}{k+1}$$

Коэффициент К может принимать любые значения, оставляя без изменения численную величину электрического заряда кварка.

K=2	*K=0*	*k=1/3*
$\alpha = 4/9$	*0*	*1/3*
$\beta = 2/9$	*2/3*	*1/3*
$\gamma = -5/9$	*-1*	*-2/3*
C=-1/9	*1/3*	*0*

Таким образом, в пределах одного электрического заряда кварка возможно бесконечное множество вариантов сопряжения электронно–лептонных зарядов. Таблица вариантов может быть продолжена до бесконечности. Внутри кварковой структуры возможно бесконечное распределения зарядов по численной величине, которые оставляют без изменения его дробный электрический заряд. В результате приходим ко второму признаку классификации кварков – цвету. Считается, что кварки имеют три различных цвета: *r (red), y (yellow),v (violet).*

Каждый кварк одного "аромата" т.е. с одинаковой массой и квантовыми числами имеют различные квантовые числа - "цвета'. Мезоны имеют симметричную комбинацию цветов

$$\pi^+ = u_r d_r^q + u_y d_y^q + u_v d_v^q$$

так. Чтобы не нарушался принцип Паули (принцип Паули в конечном счете отвечает за рост много связности пространства и возник из – за непонимания этого момента).

Таким образом, коэффициент *К* отвечает за второй признак кварка – "цвет". Из множества коэффициентов α, β, γ, c, определенных через *К* можно выбрать три варианта и закодировать их под цвета.

Барионный заряд кварка рассчитывается аналогично электрическому заряду. Составим аналогичную систему для барионного заряда.

$$B(\pi^0) = \alpha + \beta + \gamma + c = 0$$

$$B(\pi^+) = 2\alpha + \beta + c = 0$$

$$B(p^+) = 2\alpha + 3\beta + \gamma = 1$$

$$B(n^0) = \alpha + 3\beta + 2\gamma = 1$$

Вычитая из первого уравнения второе, получим $\gamma = \alpha$. Подставляя это равенство в третье уравнение имеем $\alpha + \beta = \frac{1}{3}$. Четвертое уравнение дает $\beta + \gamma = \frac{1}{3}$. Подставляя эти суммы в первое и второе уравнение будем иметь $\gamma + c = -\frac{1}{3}$. $\alpha + c = -\frac{1}{3}$.

Переходя к электронно - лептонному составу кварков, будем иметь следующую таблицу.

$$\alpha + \beta = B(u) = e^+_{\tilde{\nu}_e} + e^-_{\nu_\mu} = +\frac{1}{3}$$

$$\beta + \gamma = B(u^q) = e^-_{\nu_e} + e^+_{\tilde{\nu}_\mu} = -\frac{1}{3}$$

$$\gamma + \beta = B(d) = e^-_{\nu_e} + e^-_{\nu_\mu} = +\frac{1}{3}$$

$$\alpha + c = B(d^q) = e^+_{\tilde{\nu}_e} + e^+_{\tilde{\nu}_\mu} = -\frac{1}{3}$$

Таким образом, барионный заряд кварков также дробный. Коэффициенты α, β, γ, c, входящие в систему барионного заряда кварка также варьируются в зависимости от коэффициента *K*, определяющего “цвет “ кварка

3.3. Рост многосвязности пространства определяет заряды S,C,B, t кварков. Модели кварков.

На современном уровне развития представления о структуре материи кварки вышли на предельную позицию как новые элементарные частицы. Квантовые числа кварков приведены в таблице. Кроме кварков $u, u^q d, d^q$ имеется еще четыре кварка s, c, b, t и соответствующие им антикварки. Введены новые заряды: *s*-странность, *c* - шарм, *b* - bottomness, *t* - topness. Квантовые числа кварков связаны между собой соотношением $Q = T_\xi + \frac{B + s + c - b + t}{2}$, где T_ς-изотопический спин. Теоретическая физика микрочастиц установила зависимость между числом кварков и числом нейтрино. Это связано с тем, что структура кварков соответствует связности пространства (естественно на кварковом уровне), которая была установлена при исследовании нейтринного уровня связности. Вновь введенные заряды есть отражение связности пространства и его роста на кварковом уровне. Скомпенсированный электрический кварковый туннель есть сумма кварка и антикварка в комбинации $u + u^q, d + d^q$. Это простейшая комбинация, на которой остановимся. Можно предложить и другие возможные комбинации, например $u + 2d, u^q + 2d^q$.

Заряд странность есть один скомпенсированный кварковый туннель плюс d кварк.

$s = (u + u^q) + d$

Заряд шарм два скомпенсированных кварковых туннеля плюс кварк u

$c = (u + u^q) + (d + d^q) + u$

Заряд b три скомпенсированных туннеля плюс кварк d

$b = 2(u + u^q) + (d + d^q) + d$

Заряд t четыре скомпенсированных кварковых туннеля плюс кварк u

$t = 2(u + u^q) + 2(d + d^q) + u$, так как по электрическому заряду $u + u^q = d + d^q$, то $c = 2(u + u^q) + u$

$b = 3(u + u^q) + d$

$t = 4(u + u^q) + u$

Таким образом, появление нового заряда отражает рост на единицу связности пространства. Знак заряда определяется зарядом свободного кварка.

На нейтринном уровне эта схема приводила к появлению зарядов

$\pm L_{\nu_e}, \pm L_{\nu_\mu}, \pm L_{\nu_\tau}$.

Кварки не являются структурными предельными единицами. Предельной структурной единицей является фундаментальная масса $m_g = 2.17 * 10^{-5} gr$. Поэтому после заполнения кваркового уровня последует в самих кварках. Так как кварки определены через комбинацию электрических - лептонных частиц, то рост связности кваркового пространства связан с определением кварка через новые лептонные образования.

3.4. Лептоны, Мезоны, Барионы как линейная комбинация кварков u, d. Классификация микрочастиц взята из лекций МФТИ.

В таблице представлены частицы, их кварковый состав, основные моды распада.

Так как кварки были увязаны с моделью лептонов, то модель любого андрона и бариона получается автоматически.

Например, Λ барион имеет кварковый состав uds. Раскроем кварковый состав по разработанной схеме

$$\Lambda = u + d + s = u + d + u + u^q + d$$

Возможно несколько вариантов комбинаций нейтрального лямбда бариона;

$$\Lambda = (u + u + d) + (u^q + d)$$
$$\Lambda = (d + d + u) + (u + u^q),$$

где комбинации, стоящие в скобках были ранее определены

$$u + u + d = p^+$$
$$d + d + u = n^0$$
$$u^q + d = \pi^-$$
$$u + u^q = \pi^0,$$

поэтому возможна реализация двух схем распада

$$\Lambda = p^+ + \pi^-$$
$$\Lambda = n^0 + \pi^0.$$

Странные мезоны

$$K^+ = u + s^q = u + u + u^q + d^q = (u + d^q) + (u + u^q) = \pi^+ + \pi^0.$$

В точном соответствии с модой распада.

$$K^0 = d + s = d + u + u^q + d^q = (u + d^q) + (d + u^q) = \pi^+ + \pi^-.$$

В точном соответствии с модой распада.

Рассмотрим схему распада очарованного D –мезона.

$$D^+ = c + d^q = u + u^q + d + d^q + u + d^q =$$
$$\left[(u + u^q) + d^q\right] + u + (d + d^q) = \mathrm{K}^+ + \pi^0.$$

Возможна реализация и другой моды распада

$$D^+ = \left[(u + u^q + d^q) + d\right] + u + d^q = K^0 + \pi^+.$$

В таблице распад D^+ -мезона зафиксирован как К плюс другие частицы.

Схемы распада барионов.

$$\Sigma^+ = p^+ + \pi^0 = u + u + d + u + u^q = \left[(u + u^q) + d\right] + u + u = suu.$$

В точном соответствии с кварковым составом.

$$\Sigma^- = n^0 + \pi^- = u + d + d + u^q + d = \left[(u + u^q) + d\right] + d + d = sdd.$$

В точном соответствии с кварковым составом таблицы.

$$\Xi^- = \Lambda^0 + \pi^- = s + u + d + u^q + d =$$
$$s + (u + d + u^q) + d = s + s + d = dss$$
$$\Omega^- = \Lambda^0 + K^- = s + u + d + s + u^q = s + s + (u + d + u^q) = sss$$

Таким образом, доказано, что заряды кварков s, c, b, t последовательно увеличивают связность пространства на единицу. Вероятностные моды распада андронов и барионов вызваны образованием в микрочастице устойчивых кварковых комбинаций внутри частицы, приводящих к образованию кварковых ε_k -туннелей, скомпенсированных по электрическому дробному заряду. Конструкция кварковых комбинаций согласована со структурой кваркового уровня и структурой андронов и барионов и модами их распада. Это четко зафиксировано модами распада, в которых нет лептонов. Образование лептонов свидетельствует о процессах преобразования в самих кварковых структурах. В этих распадах проявляется двух уровневая структура микрочастицы: кварковая и лептонная. Моды распада доказывают правильность выдвинутой структуры кваркового уровня, как последовательного увеличения связности пространства за счет скомпенсированных кварковых туннелей. Кварки S, C, b, t и так далее состоят из двух кварков U,d и их антикварков.

Моды распада и заряды частиц позволяют раскрыть структуру пространства. λ^0 - Гиперон и антигиперон имеют заряд странность $S=\pm 1$, также как $\sum^+$ Гипероны. Моды распада для этих частиц показывают, что барионный заряд протона или нейтрона удерживает одно изолированное направление, создаваемое нейтральным или заряженным пионом, например

$$\lambda^0 \Rightarrow p^+ + \pi^-$$

Ξ^- Гиперон и Ξ^- антигиперон имеют заряд странности $S=\pm 2$, что соответствует моде последовательных распадов

$$\Xi^- \Rightarrow \lambda^0 + \pi^- \Rightarrow p^+ + \pi^- + \pi^-$$

Ω^- -Гиперон и Ω^- - антигиперон имеют заряд $S=\pm 3$, что находится в соответствии с последовательными модами распада

$$\Omega^- \Rightarrow \Xi^0 + \pi^- \Rightarrow \lambda^0 + \pi^- + \pi^0 \Rightarrow p^+ + \pi^- + \pi^0 + \pi^-$$

Таким образом, изолированное направление бариона может заполняться последовательно различными комбинациями заряда странности.

F^+, F^- -мезоны имеют одновременно заряд странности S и очарования C. Это свидетельствует на возможность возникновения структуры сформированной одновременно из одного изолированного туннеля совместно со структурой с двумя изолированными туннелями.

Моды распада и квантовые числа частиц подтверждают рассмотренные схемы компактизации пространства [2], а также при исследовании таблицы элементов и их изотопов Д.И. Менделеева.

Модель электрона.

Согласно дробным электрическим зарядом кварков электрон в простейшем виде с зарядом равным –1 представим в двух комбинациях

$$\mathrm{E}^- = u^q - d^q = e^-_{\nu_e} - e^+_{\ddot{\nu}_e \to \ddot{\nu}_e} = e^-_{\nu_e} - e^+$$

$$\mathrm{E}^- = d - u = e^-_{\nu_e} - e^+_{\ddot{\nu}_e \to \tilde{\nu}_e} = e^-_{\nu_e} - e^+$$

Положительный электрический туннель в структуре электрона освобождается от лептонного заряда, который несет антинейтрино. Электрон имеет лептонный заряд за счет заряда электронного нейтрино.
Позитрон определяется также двумя вариантами

$$E^{+} = d^{q} - u^{q} = e^{+}_{\tilde{\nu}_e} - e^{-}_{\nu_e \to \nu_e} = e^{+}_{\tilde{\nu}_e} - e^{-}$$

$$E^{+} = u - d = e^{+}_{\tilde{\nu}_e} - e^{-}_{\nu_e \to \nu_e} = e^{+}_{\tilde{\nu}_e} - e^{-}$$

Отрицательный электрический туннель в структуре позитрона свободен от лептонного заряда. Позитрон заряжен антинейтрино.

Аннигиляция электрона и позитрона приводит к образованию гамма квантов

$$E^{-} + E^{+} = e^{-}_{\nu_e} - e^{+} + e^{+}_{\tilde{\nu}_e} - e^{-} =$$

$$= (1 - kj)(1 + ji) - 1 - kj + (1 + kj)(1 - ji) - 1 + kj =$$

$$= 1 - kj + ji + ki - 1 - kj + 1 + kj - ji + ki - 1 + kj = 2ki$$

При распаде нейтрального пиона образуются две пары электрон-позитронных пар

$$\pi^{0} \Rightarrow \lfloor 2\gamma \to 2(E^{+} + E^{-})$$

Структура изолированных направлений позитрона и электрона дает в сумме гамма квант равный $2ki$. При распаде пиона выделяются 2 гамма кванта как аннигиляция нейтрино и антинейтрино $\nu_e + \tilde{\nu}_e = 1 + ji + 1 - ji = 2$.Таким образом, реакция распада нейтрального пиона на два гамма кванта дает в результате сумму $4 + 4ki$, которая в принципе является фотонным образованием (по нашему определению). Пион был выше определен как комбинация $\pi^{0} \Rightarrow 8 + 4ki$, которая отличается от результатов распада на 4 единицы уходят на энергию распада.

Кварковая модель отрицательного мюона μ^{-} может быть установлена из процесса распада отрицательного пиона π^{-}.

$$\pi^{-} = d + u^{q} = \tilde{\nu}_e + \mu^{-}$$

Известно также, что мюон распадается в дальнейшем на электрон, электронное нейтрино и антинейтрино

$$\mu^{-} = e^{-} + \nu_e + \tilde{\nu}_e$$

Модель электрона установлена из распада нейтрона, поэтому

$$\mu^{-} = u^{q} - d^{q} - \tilde{\nu}_e + \nu_e + \tilde{\nu}_e = u^{q} - d^{q} + \nu_e$$

Мюон представим также через пион.

$$\mu^{-} = d + u^{q} - \tilde{\nu}_e$$

Оба варианта эквивалентны друг другу. Заменяя кварки их выражением через электрические - лептонные комбинации получим

$$\mu^{-} = e^{-}_{\nu_e} + e^{+}_{\tilde{\nu}_\mu} - e^{+}_{\tilde{\nu}_e} - e^{+}_{\tilde{\nu}_\mu} + \nu_e =$$

$$= (e^{-}_{\nu_e} - e^{+}_{\tilde{\nu}_e}) + (e^{+}_{\tilde{\nu}_\mu} - e^{+}_{\tilde{\nu}_\mu}) + \nu_e$$

$$\mu^{-} = e^{-}_{\nu_e} + e^{-}_{\nu_\mu} + e^{-}_{\nu_e} + e^{+}_{\tilde{\nu}_\mu} - \tilde{\nu}_e$$

Модель мюонного нейтрино имеет вид

$$\tilde{\nu}_\mu = (\nu_e + \tilde{\nu}_e) + \tilde{\nu}_e$$

$$\nu_\mu = (\nu_e + \tilde{\nu}_e) + \nu_e,$$

поэтому один электрический мюонный заряд в модели мюона теряет электронное нейтрино, а другой антинейтрино. Оба выражения эквивалентны $u^{q} - d^{q} + \nu_e = d + u^{q} - \tilde{\nu}_e$ откуда $-d^{q} + \nu_e = d - \tilde{\nu}_e$. Один из электрических мюонных туннелей имеет скомпенсированный нейтринный туннель.

В процессах распада

$$\mu^- = e^- + \nu_e + \tilde{\nu}_e$$
$$\pi^- = \mu^- + \tilde{\nu}_e$$
$$K^- = \mu^- + \tilde{\nu}_e \quad ,$$
$$n^0 = p^+ + e^-_{\nu_e} + \tilde{\nu}_e$$

происходит изменение нейтринного уровня. Происходит распад мюонного нейтрино или антинейтрино, в результате остается скомпенсированный по лептонному заряду туннель.

Аппарат комплексной алгебры позволяет оценить структуру этого туннеля как гамма кванта, удерживаемого в структуре электрона или мюона, а также направление возможного вылета.

$\gamma = \nu_e - \tilde{\nu}_e = 1 + ji - i - j = (1-i)(1-j)$, так что гамма квант будет иметь действительный модуль $\|\gamma\| = 2$, и два действительных пространственных угловых направления $\varphi = \pi/4, \theta = \pi/4$.

3.5. Структура глюонного поля. Расчет масс микрочастиц.

Основные положения.

В предыдущих главах разработаны, обоснованы и нашли экспериментальное подтверждение следующие основные положения, которые позволяют исследовать структуру глюонного поля микрочастиц.

Кварки *s, c, b, t* представляют линейную комбинацию первых двух кварков и поэтому не могут претендовать на роль фундаментальных частиц. Эта линейная комбинация может быть продолжена без математических ограничений с предсказанием новых кварков. Через кварки u, d, s, t определены кварковые комбинации всех мезонов и барионов. Лептоны также определяются через кварковую комбинацию первых двух кварков. В основе всех комбинаций находится один принцип роста много связности комплексного пространства. Этот принцип частично отражен в принципе Паули. Исследование мод распада микрочастиц показало, что сумма кварковых комбинаций продуктов распада в точности равна исходной кварковой комбинации микрочастицы (без учета энергии распада).

Кварки определены через электрически лептонные сопряжения зарядов

$$U = e^+_{\tilde{\nu}_e} + e^-_{\nu_\mu}$$
$$U^q = e^-_{\nu_e} + e^+_{\tilde{\nu}_\mu}$$
$$d = e^-_{\nu_e} + e^-_{\nu_\mu} \qquad (3.5.1)$$
$$d^q = e^+_{\tilde{\nu}_e} + e^+_{\tilde{\nu}_\mu}$$

Эти сопряжения получены после установления фундаментального свойства заряда быть положительным и отрицательным. Электрический, лептонный, гравитационный заряд есть изолированные направления в комплексном пространстве.

Пространство фундаментальных постоянных

Расчётный аппарат в физических исследованиях базируется на изестных соотношениях фундаментальных постоянных: h,C,G.

Соотношения определяют пределню массу Планку , предельный размер частицы, которая соответсвует предельной массе и так далее.

Предельное равенство

$$Gm_g^2 = e^2\alpha \tag{3.5.2}$$

дает абсолютную величину заряда e через взаимодействие двух фундаментальных масс m_g

Взаимодействие двух и более фундаментальных масс есть дефект этих масс, который соответствует массе частицы

$$m_x c^2 = km_g c^2 \pm \sqrt{(km_g c^2)^2 - (ggXc^2)^2} \tag{3.5.3}$$

где К –количество пар взаимодействующий фундаментальных масс,

$ggXc^2$ -энергия глюонного поля микрочастицы.

Зная массу микрочастицы можно рассчитать ее глюонное поле

$$ggXc^2 = \sqrt{2Km_g c^2 m_x c^2} \tag{3.5.4}$$

Расчет величины глюонного поля проверен неоднократно при выводе энергии связи атомных ядер, при расчете радиоактивных распадов. Формула выведена из структуры преобразований Лоренца.

Масса микрочастицы может быть рассчитана из формулы

$$m_x c^2 = \frac{(\pm ggXc^2)^2}{2Km_g c^2} \tag{3.5.5}$$

Формула определяет массу частицы и античастицы.

Масса микрочастицы $m_x c^2$ есть потенциал взаимодействия фундаментальных масс $m_g c^2$ на расстоянии комплексной комптоновской длины волны λ_x^{kompt} микрочастицы. Потенциал есть в свою очередь дефект масс взаимодействующих фундаментальных масс, который есть следствие наличия глюонного поля в пространстве взаимодействия. Энергия глюонного поля обуславливает уменьшение суммарной исходной массы взаимодействующих частиц (схема аналогична ядерной материи). Пространственно временная метрика также дает пространственно- временной дефект, обусловленный наличием временной координаты

$$dds = dl - \sqrt{dl^2 - (ct)^2}\ .$$

При переходе к энергетической массово-полевой метрике пространственная составляющая заменяется суммарной исходной массой фундаментальных частиц, временная составляющая массой глюонного поля, дефект пространственно – временной метрики есть масса микрочастицы.

Таким образом, потенциал взаимодействия фундаментальных масс на расстоянии комптоновской длины волны микрочастицы одновременно является дефектом пространственной энергетической решетки, обусловленном наличием глюонного поля и является массой микрочастицы. Глюонное поле в этом смысле присутствует в любом замкнутом пространстве. Свободного пространства нет, как нет пространства без материи. Изменение величины глюонного поля вызывает изменение массы микрочастицы или ее пространственной структуры. Глюонное поле требует определенного зарядового сопряжения комплексного пространства, фиксированного расположения взаимодействующих масс. Фундаментальное свойство заряда бать отрицательным, положительным и нейтральным есть свойство структуры пространства взаимодействия.

Таким образом, пространственно-временной континуум адекватен энергетическому массово – полевому континууму.

3.6 Система уравнений для расчета глюонного поля.

Кварки определены комбинациями изолированных направлений в комплексном пространстве, которые являются составляющими глюонного поля.

Раскрывая систему изолированных направлений получим

$$
\begin{aligned}
e^{+}_{\tilde{\nu}_e} &= (1+kj)(1-ji) = 1+kj-ji+ki \\
e^{-}_{\nu_\mu} &= (1-kj)(3+ji) = 3-3kj+ji+ki \\
e^{-}_{\nu_e} &= (1-kj)(1+ji) = 1-kj+ji+ki \\
e^{+}_{\tilde{\nu}_\mu} &= (1+kj)(3-ji) = 3+3kj-ji+ki
\end{aligned}
\qquad (3.6.1)
$$

Таким образом, любое зарядовое сопряжение представляет сумму из произведений единичных направлений в комплексном пространстве на весовые коэффициенты. Согласно этой системе зарядовых сопряжений каждая микрочастица характеризуется своей пространственной решеткой из направлений с весовыми коэффициентами. Энергия частицы распределяется по этим направлениям решетки, создавая искривления пространства.

Для исходных кварков u, d имеем согласно этой системе комбинацию глюонных направлений

$$
\begin{aligned}
u &= 4-2kj+2ki \\
u^{q} &= 4+2kj+2ki \\
d &= 4-4kj+2ji+2ki \\
d^{q} &= 4+4kj-2ji+2ki
\end{aligned}
\qquad (3.6.2)
$$

Равнозначные кварковые комбинации заряженного пиона $\pi^{\pm}$ и нейтрального пиона π^{0} служат проверкой системы

$$
\begin{aligned}
\pi^{+} &= ud^{q} = 8+2kj-2ji+4ki \\
\pi^{-} &= du^{q} = 8-2kj+2ji+4ki \\
\pi^{0} &= uu^{q} = 8+4ki \\
\pi^{0} &= dd^{q} = 8+4ki
\end{aligned}
\qquad (3.6.3)
$$

Из (3.6.3) следует, что нейтральный заряд $\pi^{0} = Z^{0} = (8+4ki)$ входит в зарядовые комбинации, которые имеют заряд в зависимости от наличия направлений $Z^{\pm} = \pm 2kj \mp 2ji$.

Причем модуль комплекса $\left\|Z^{0}\right\| = \sqrt{48}$ действителен и поэтому это направление фактически является гравитационным. Модуль комплекса $\left\|Z^{\pm}\right\| = \sqrt{0}$, поэтому комплекс связан с полевой составляющей. Добавление заряженного комплекса к нейтральному изменяет модуль нейтрального комплекса. Действительный модуль, как это неоднократно было показано, адекватен массе частице или энергии глюонного поля.

Все нейтральные мезоны представляют нейтральную комбинацию от Z^{0}.

$$K^0 = sd = 2(8+4ki) = 2Z^0,$$
$$\eta = ss^q = 3(8+4ki) = 3Z^0,$$
$$D^0 = cu^q = 3(8+4ki) = 3Z^0, \quad (3.6.4)$$
$$J/\psi = cc^q = 5(8+4ki) = 5Z^0,$$
$$Y = bb^q = 8(8+4ki) = 8Z^0$$

Система (3.6.4) может быть продолжена с предсказанием нейтральных мезонов больших масс.

Заряженные мезоны представляют сумму комбинаций нейтральных мезонов плюс заряженное направление, например

$$D^+ = dc^q = 3Z^0 + Z^+,$$
$$D_s^- = sc^q = 3Z^0 + Z^-, \quad (3.6.5)$$
$$B^- = bu^q = 3Z^0 + Z^-$$

Система (3.6.5) также имеет предсказательную силу.

Распад мезонов фактически есть распад по направлениям $Z^0, Z^{\pm}$.

Нейтральные барионы представляют линейную комбинацию из нейтрального мезона плюс нейтрон

$\lambda^0 = uds = (u+u^q)+d+u+d = \pi^0 + n^0$, а также

$\lambda^0 = uds = u+u+d+d+u^q = p^+ + \pi^-$.

В точном соответствии с модами распада, установленными экспериментальным путем. Таким образом, введение линейной комбинации S кварка подтверждено модой распада λ^0 - гиперона.

Аналогично имеем дело с сигма гипероном и другими частицами.

$$\Sigma^+ = u+u+s = u+u+u+u^q+d = \pi^0 + p^+,$$
$$\Sigma^+ = d+d^q+d+u+u = (d+d+u)+u+d^q = n^0 + \pi^+$$

Во второй моде распада кварк S представлен равнозначной комбинацией $S = d + d^q + d$.

Также в точном соответствии с модами распада приведем еще ряд примеров

$$\Sigma^- = d+d+s = d+d+u+u^q+d = n^0 + \pi^-,$$
$$\Xi^- = d+s+s = d+s+u+u^q+d = uds + du^q = \lambda^0 + \pi^-,$$
$$\Omega^- = sss = u+u^q+d+s+u+u^q+d =$$
$$= uds + uu^q + du^q = \lambda^0 + \pi^0 + \pi^-$$

Также в точном соответствии с экспериментальными модами распада. Из этого следует вывод: кварки S, C, b, t не могут претендовать на фундаментальные предельные фундаментальные частицы, так как доказана что их кварковая комбинация является линейной комбинацией первых двух кварков u, d.

Протон p^+ представляет комбинацию из u и d кварка.

$p^+ = u+u+d = 12 - 8kj + 2ji + 6ki$,

нейтрон

$n^0 = d+d+u = 12 - 10kj + 2ji + 6ki.$

Комбинация направлений нейтрона состоит из комбинаций протона и заряженного направления Z^-.

$$n^0 = (12 + 6ki - 8kj + 2ji) - 2kj + 2ji = p^+ + Z^- .$$

Таким образом, линейно независимой кварковой комбинацией можно считать протон.

Структуры микрочастиц представляют линейные комбинации из суммы произведений весовых коэффициентов на единичные зарядовые направления. Если выбрать систему из четырех независимых выражений глюонного поля микрочастиц, то можно определить энергетический вклад каждого из единичных направлений, иными словами определить пространственную энергетическую единичную решетку (взамен пространственно временной). Весовые коэффициенты вызывают искривление этой пространственной энергетической решетки, которые и определяют микрочастицу. Классификация микрочастиц как результат экспериментальных каналов распада дает возможность составить систему из четырех линейных независимых уравнений. В этом случае решение системы четырех независимых линейных уравнений (каждое из которых характеризует фундаментальную частицу) дает единичную глюонную решетку, а глюонное поле любой микрочастицы определяется суммой деформаций этой решетки, вызванной весовыми коэффициентами.

Поэтому в дальнейшем введем обозначения направлений комплексного пространства

$$\begin{aligned} &1 \Rightarrow \zeta \\ &ji \Rightarrow \alpha \\ &kj \Rightarrow \beta \\ &ki \Rightarrow \gamma \end{aligned} \qquad (3.6.6)$$

которые отвечают за энергетический вклад в глюонное поле микрочастицы. Глюонное поле протона определено в виде $ggp^+ = 12\zeta - 8\beta + 2\alpha + 6\gamma$ где $m(\pi^-) = 139.27\,Мэв$ рассчитывается по формуле (3.6.4).

Для определения четырех коэффициентов необходимо составить систему из четырех линейно независимых уравнений, каждое из которых должно определять глюонное поле частицы. Определитель системы не должен быть равным нулю. Составим систему из весовых коэффициентов стабильных частиц, которыми являются протон, электрон.

$$gg\mathrm{E}^- = -2\beta + 1\alpha + 1\gamma$$

Возьмем также за основу расчета структуру лямбда-гиперона и положительного пиона.

Глюонное поле λ^0-гиперона дает уравнение (как связь между барионами и мезонами).

$$gg\lambda^0 = gg(uds) = 20\zeta - 10\beta + 4\alpha + 10\gamma$$

$$gg\pi^+ = gg(ud^q) = 8\zeta + 2\beta - 2\alpha + 4\gamma$$

Глюонное поле положительного пиона рассчитываем исходя из массы пиона $m(\pi^-) = 139.27\,Мэв$.

$$gg\pi^- = \sqrt{2*2*1.22112*10^{22}*139.27} = 26.12*10^{11} \text{ Мэв.}$$

Глюонное поле p^+, λ^0, e^- соответственно равны

$$ggp^+ = 67.69757, gg\lambda^0 = 104.41, gge^- = 1.5798$$

Таким образом, составлена система для определения составляющих глюонных полей по направлениям в комплексном пространстве.

$$
\begin{aligned}
&12\zeta - 8\beta + 2\alpha + 6\gamma = 67.69757 \\
&20\zeta - 10\beta + 4\alpha + 10\gamma = 104.41 \\
&8\zeta + 2\beta - 2\alpha + 4\gamma = 26.12 \\
&-2\beta + \alpha + \gamma = 1.5798
\end{aligned}
\tag{3.6.7}
$$

Коэффициент 10^{11} опущен, так как он легко учитывается в дальнейших расчетах. Все расчеты сведены и проведены в таблице *N*.

Решение дает энергетический вклад направлений в общее глюонное поле.

Таблица 3.1. Расчет масс микрочастиц.

Матрица для расчета глюонных коэффициентов составленная из весовых коэффициентов протона,лямда,пиона, электрона. Определитель 4*4 из весовых коэффициентов по направлениям

Частица	1	kj	ji	ki	ggm				1	kj	ji	ki	ggm	
Протон p^+	12	-8	2	6	67,697		-1101,146	-192	5,74	-2,546	0,1	-3,617	67,696	
Лямбда ноль λ^0	20	-10	4	10	104,410		488,907	-192	5,735	-2,546	0,1	-3,617	104,406	
Пион положит π^+	8	2	-2	4	26,110		-20,056	-192	5,735	-2,546	0,1	-3,617	26,112	
Электрон e^-	0	-2	1	1	1,580	-192	694,540	-192	5,735	-2,546	0,1	-3,617	1,579	

Расчет энергии глюонных полей: нейтрона, лямбда - гиперона, положительного пиона, электрона, протона. Формулы (8,4),(8,5)

	mg	К	m	ggm										
Нейтрон n^0	1,221	4	939,570	67,744										
Лямбда ноль λ^0	1,221	8	1116,000	104,413										
Пион положит π^+	1,221	4	139,567	26,110										
Электрон e^-	1,221	4	0,511	1,580										
Протон p^+	1,221	4	938,270	67,698										

Расчет энергии глюонного поля и массы нейтрона. Первая строчка согласно кварковой структуре весовых коэффициентов Вторая строчка расчет глюонного поля нейтрона и его массы с варьированием весовых коэффициентов.

	1		kj		ji		ki		ggm	mg	К	mx	мх экспе-римент	% расхо-ждения
ddu	5,74	12	-2,546	-10	0,104	4	-3,617	6	72,99	1,221	4	1090,827	939,57	1,161
Нейтрон n^0	5,74	12	-2,546	-9	0,104	13	-3,617	7	67,77	1,221	4	940,196	939,57	1,001

Расчет энергии глюонного поля и массы электрона

Электрон e^-	5,74	0	-2,546	-2	0,104	1	-3,617	1	1,579	1,221	4	0,510	0,511	0,999

Расчет энергии глюонного поля и массы пионов .Кварковая комбинация ud,du,uu,dd

Отрицательный. пион $\pi-$	5,74	8	-2,546	2	0,104	-2	-3,617	4	26,11	1,221	4	139,592	139,567	1,000
Положительный	5,74	8	-2,546	2	0,104	-2	-3,617	4	26,11	1,221	4	139,592	139,567	

пион π^+													
	5,74	0	-2,546	4	0,104	-4	-3,617	0	-10,6	1,221	4	23,003		
Нейтральный пион π^0	5,74	8	-2,546	2	0,104	-7	-3,617	4	25,59	1,221	4	134,088	134,963	0,994
	5,74	0	-2,546	2	0,104	-7	-3,617	0	-5,82	1,221	4	6,935		

Расчет энергии глюонного поля и масс частиц кварковой комбинации uds Переход от структуры лямбда ноль к структуре сигма ноль требует увеличение глюонной массы, что вызывает изменение изоспина частицы Дальнейшее увеличение массы глюонного поля приводит к изменению спина .

Лямбда ноль λ^0	5,74	20	-2,546	-10	0,104	4	-3,617	10	104,4	1,221	8	1115,842	1116	1,000
Сигма ноль Σ^0	5,74	21	-2,546	-12	0,104	4	-3,617	12	108	1,221	8	1193,964	1193	1,001
	5,74	1	-2,546	-2	0,104	0	-3,617	2	3,593	1,221	8	1,321		
Сигма ноль Σ^0	5,74	21	-2,546	-11	0,104	4	-3,617	9	116,3	1,221	8	1384,653	1384	1,000
	5,74	1	-2,546	-1	0,104	0	-3,617	-1	11,9	1,221	8	14,491		

Расчет энергии глюонного поля и масс частиц для кварковой комбинации uss.

uss (1/2(1/2)) Ξ^0	5,74	28	-2,546	-10	0,104	4	-3,617	14	135,8	1,221	8	1888,280	1315	1,436
uss (3/2)1)	5,74	26	-2,546	-10	0,104	4	-3,617	17	113,5	1,221	8	1318,622	1315	1,003
	5,74	-2	-2,546	0	0,104	0	-3,617	3	-22,32	1,221	8	51,001		
uss(3/2(1/2) Ξ^0	5,74	28	-2,546	-9	0,104	4	-3,617	17	122,4	1,221	8	1534,135	1532	1,001
	5,74	0	-2,546	1	0,104	4	-3,617	3	-12,98	1,221	8	17,249		

Расчет энергии глюонного поля и массы микрочастицы для кварковой комбинации udc

udc(1/2)(0) Σ^0	5,74	28	-2,546	-8	0,104	2	-3,617	14	130,5	1,221	8	1743,783	2285	0,763
	5,74	30	-2,546	-8	0,104	2	-3,617	12	149,2	1,221	8	2279,383	2285	0,998

Расчет энергии глюонного поля и массы частицы для кварковой комбинации uud

Протон (uud) p^+	5,74	12	-2,546	-8	0,104	2	-3,617	6	67,69	1,221	4	938,171	938,27	1,000
uud(3/2)(3/2) Δ^+	5,74	13	-2,546	-8	0,104	8	-3,617	5	77,67	1,221	4	1235,061	1234	1,001
	5,74	1	-2,546	0	0,104	6	-3,617	-1	9,976	1,221	4	20,375		
uud(1/2)(1/2) *N*	5,74	16	-2,546	-8	0,104	8	-3,617	8	84,02	1,221	4	1445,401	1440	1,004
	5,74	4	-2,546	0	0,104	0	-3,617	2	15,71	1,221	4	50,502		
uud(3/2)-(1/2) *N*	5,74	18	-2,546	-8	0,104	-12	-3,617	10	86,18	1,221	4	1520,529	1520	1,000
	5,74	6	-2,546	0	0,104	-10	-3,617	4	18,9					

Расчет глюонного поля и масс частиц кварковых комбинаций udc,uuc,ddc,udb.

	1		kj		ji		ki							
Udc λ_c	5,74	28	-2,546	-8	0,104	2	-3,617	14	130,5	1,221	4	3487,566	2285	
	5,74	24	-2,546	-7	0,104	2	-3,617	14	105	1,221	4	2258,525	2285	0,988
Uuc $\sum_c$	5,74	28	-2,546	-6	0,104	0	-3,617	-14	226,5	1,221	4	10502,557	2453	
	5,74	24	-2,546	-6	0,104	0	-3,617	12	109,5	1,221	4	2455,303	2453	
Ddc $\sum_c^0$	5,74	28	-2,546	-10	0,104	4	-3,617	14	135,8	1,221	4	3776,559	2452	
	5,74	28	-2,546	-5	0,104	4	-3,617	17	112,2	1,221	4	2579,014	2452	1,052
Udb λ_b	5,74	28	-2,546	18	0,104	4	-3,617	-12	158,6	1,221	4	5147,954	5425	0,949
Udb λ_b	5,74	28	-2,546	19	0,104	4	-3,617	-14	163,3	1,221	4	5456,840	5425	1,006

Расчет глюонного поля и масс мезонов

us,su 0-(1/2) K^+, K^-	5,74	16	-2,546	2	0,104	-2	-3,617	6	64,76	1,221	8	429,278	494	0,869
ds,sd K^0	5,74	16	-2,546	0	0,104	0	-3,617	8	62,82	1,221	8	404,020	498	0,811
uu+dd 0-(0) η	5,74	16	-2,546	-12	0,104	4	-3,617	8	93,79	1,221	12	600,333	547	1,098
uu+dd 0-(0) η'	5,74	16	-2,546	-12	0,104	4	-3,617	8	93,79	1,221	8	900,499	958	0,940
ud,du $\rho^\pm$	5,74	8	-2,546	-6	0,104	2	-3,617	4	46,9	1,221	4	450,250	770	0,585
uu+dd 0-(0) η	5,74	16	-2,546	-12	0,104	4	-3,617	14	72,09	1,221	8	531,988	547	0,973
uu+dd 0-(0) η'	5,74	16	-2,546	-12	0,104	0	-3,617	7	96,99	1,221	8	963,014	958	1,005
uu+dd1-(0) ω	5,74	16	-2,546	-12	0,104	4	-3,617	10	86,56	1,221	8	766,948	782	0,981
Cd, dc-$0^{-1}(1/2)$ $D^\pm$	5,74	24	-2,546	12	0,104	0	-3,617	0	107,1	1,221	4	2347,812	1865	1,259
Cc J/ψ	5,74	40	-2,546	20	0,104	0	-3,617	0	178,5	1,221	8	3260,850	3097	1,053
Bb **Y**	5,74	64	-2,546	32	0,104	0	-3,617	0	285,6	1,221	8	8347,775	9460	0,882
Ub $B^\pm$	5,74	24	-2,546	-2	0,104	2	-3,617	0	142,9	1,221	4	4183,013	5279	0,792

$\zeta = 5.735$

$\beta = -2.546$

$\alpha = 0.104$

$\gamma = -3.617$

Значение коэффициентов является приближением к коэффициентам для всего глюонного поля микрочастиц. Эти коэффициенты рассчитаны для системы, в которой две структуры являются нестабильными и поэтому не учитывается энергия реакции образования и распада. Система кварковых комбинаций микрочастиц дает коэффициенты перед каждым значением $\alpha, \beta, \gamma, \zeta$, которые в конечном счете определяют искривление пространственных направлений и тем самым определяется прогиб пространства для каждой микрочастицы. Если полученные из решения коэффициенты принять как единичные меры (если можно так выразиться для ясности) прогиба по каждому пространственному направлению, то результаты расчета масс микрочастиц нестабильных необходимо корректировать по энергии распада и образования, путем варьирования весовых коэффициентов, рассчитанных по кварковому классификатору. Разница в структуре весовых коэффициентов даст энергию моды распада. Микрочастицы одной и той же кварковой комбинации имеют в большинстве случаев разные энергетические массы и разные характеристики: спин, четность, изоспини так далее, поэтому разница величин весовых коэффициентов определяет не только не учтенную энергию распада но также энергию глюонного поля которая определяет внутреннюю структуру микрочастицы для разных квантовых характеристик.

3.7. Оценка результатов расчетов глюонных полей и масс микрочастиц.

Результаты расчета масс микрочастиц сведены в таблицу. Рассмотрим последовательно результаты.

Расчет показал, что в пределах одной кварковой комбинации возможна внутренняя перестройка структуры частицы, которая приводит к изменению массы частицы и ее квантовых характеристик. Например:

Кварковая система uud образует четыре микрочастицы: протон $p^{+}(938.27), \Delta^{+}(1234), N^{+}(1430), N^{+}(1530)$. При одной кварковой структуре частицы отличаются спином, четностью, изоспином, временем жизни или шириной резонанса. Протон входит в систему расчета глюонного поля, поэтому его расхождение с экспериментом нулевое. Отличие остальных частиц от протона заключается в весовых коэффициентах. Варьируя весовые коэффициенты протона получим остальные частицы, При этом разница в весовых коэффициентах позволяет сопоставить изменение глюонного поля изменению в весовых коэффициентах.

Кварковая комбинация uds образует три частицы $\lambda^{0}(1116), \Sigma^{0}(1193), \Sigma^{0}(1384)$. Лямбда гиперон входит в расчетную систему, поэтому отклонение его массового параметра нулевое. Резонансы отличаются захватом глюонного поля

Кварковая комбинация uss дает три частицы: $\Xi^{0}(1315) = 28\zeta - 10\beta + 4\alpha + 14\gamma$, это глюонное поле определяет массу частицы в пределах 2 процентов от экспериментального значения. Изменение глюонного поля определяет $\Xi^{0}(1383) \Rightarrow \delta gg = 2\alpha + 2\beta$,

$\Xi^0(1532) \Rightarrow \delta gg = -2\alpha + 2\beta - 4\gamma + 4\zeta$.

Резонансы $\lambda_c^+(2285) \Rightarrow udc = 28\zeta - 8\beta + 2\alpha + 14\gamma$ (расхождение по массе меньше 3%).

Резонанс $\Sigma_c^+(2452) \Rightarrow \delta gg = -10\gamma + 10\zeta$.

Глюонное поле кварка обозначено в таблице индексом kwark. Корректировка глюонного поля в пределах изменения коэффициентов перед направлениями путем их взаимной переброски определяет массу микрочастицы в пределах 3% от экспериментально установленной.

Пример, $\Sigma_c^{++}(uuc) \Rightarrow 28\zeta - 6\beta - 14\gamma$.

$\delta gg\Sigma_c^{++} = -4\gamma - 4\zeta$ дает расхождение меньше 3%.

$\Sigma_c^0(ddc) = 28\zeta - 10\beta + 4\alpha + 14\gamma, \delta gg =$

$= -7\gamma + 7\zeta, \Sigma_c^0(2452) \Rightarrow < 0.006\%$.

Разработанная система расчета масс частиц дает высокую сходимость с экспериментальными данными – см. таблицу N. 3.1.

Кварковая комбинация

$$\lambda_b(5425^{+175}_{-75}) = udb = u + d + (u + u^q + d + d^q + u + u^q + d) =$$
$$= 28\zeta + 18\gamma + 4\alpha - 12\beta$$

Глюонное поле в такой комбинации дает массу микрочастицы 5148, что без учета экспериментального интервала дает расхождение 4%.

Это доказывает справедливость выбранной системы построения кварка b и одновременно опровергает гипотезу о кварках как о предельных микрочастицах.

Микрочастица есть локальная концентрация энергии, вызывающее изменение структуры пространства в замкнутом объеме. Структура и связность пространства обусловлена комбинацией изолированных направлений на любом уровне измерения. Физика микрочастиц фиксирует структуру микрочастицы квантовыми числами. Установленная связь квантовых чисел со связностью пространства, обусловленной комбинациями изолированных направлений, повторяется на любом уровне измерения.

При выводе формулы энергии связи атомных ядер было введено понятие энергетического циклонного вихря с ε-туннелями. Количество циклонных вихрей в структуре атомных ядер находится в строгом соответствии с периодическим законом элементов. Расчет энергии связи ядер совместно с расчетом радиоактивных распадов подтвердили это соответствие.

В пространстве микрочастиц аналогия повторяется. Масса, спин, энергия связи и т.д. частицы находятся в зависимости или определяются количеством энергетических туннелей в структуре микрочастицы. Скомпенсированные изолированные направления определяют нейтральную массу, которая является составляющей массы частицы. Эта масса в расчетах задается коэффициентом К в формуле $m_x c^2 = \dfrac{(ggXc^2)^2}{km_g c^2}$.

Наиболее четко связь между коэффициентом *К* и количеством изолированных туннелей в структуре микрочастице, образованных взаимодействием фундаментальных масс $m_g c^2$, прослеживается при расчете масс

Это не противоречит разработанной схеме структуризации и моделей частиц. Об этом неоднократно отмечалось при разработке нейтринного уровня и далее.

Разные кварковые комбинации могут иметь различное число туннелей ε глюонного поля, от которого зависят квантовые характеристики микрочастицы и количество фундаментальных частиц, создающих эту микрочастицу. Например, в соответствии с модами распада можно положить следующую таблицу.

$$dss, uss, \varepsilon = 3, .k = 12$$

$$sss, \varepsilon = 4, k = 16$$

$$uds, \varepsilon = 2, k = 8$$

$$uuc, \varepsilon = 2, k = 8$$

$$ddc, \varepsilon = 2, k = 8$$

Таблицы частиц

Лептоны *(J=1/2)*

Частица	Масса МэВ	Время жизни	Лептонный заряд			Основные Моды распада
			L_e	L_μ	L_τ	
ν_e	<7*10^-6	Стабильно	+1	0	0	
ν_μ	<0.17	Стабильно	0	+1	0	
ν_τ	<18	Стабильно	0	0	+1	
e^-	0,511	>4.3*10^23лет	+1	0	0	
`	105,66	2,2*10^-6 с	0	+1	0	$e\nu\tilde{\nu}$
τ^-	1777	2,9*10^-13с	0	0	+1	Андроны $+\nu$, $\mu\nu\tilde{\ddot{\nu}}$, $\tilde{\nu}$ $e\nu\tilde{\nu}$

Андроны: Мезоны *(B=0,L=0)*

Частица	Кварковый состав	Масса МэВ	Время жизни в (сек) или ширина	Спин-четность, изоспин $J^p(I)$	Основные моды распада
π^+, π^-	$u\bar{d}, d\bar{u}$	139.7	2,6*10^-8	$0^-(1)$	$\nu\mu^+, \tilde{\nu}\mu^-$
π^0	$u\bar{u}, d\bar{d}$	134.98	8.4*10^-17	$0^-(1)$	2γ
K^+, K^-	$u\bar{s}, s\bar{u}$	494	1.2*10^-8	$0^-(1/2)$	$\nu\mu^+, \tilde{\nu}\mu^-$, $\pi^0\pi^\pm$
$K^0, \bar{\bar{K}}^0$	$d\bar{s}, s\bar{d}$	498	0.8*10^-10 K_s^0 5.2*10^–8K_L^0	$0^-(1/2)$ $0^-(1/2)$	$\pi^+\pi^-, \pi^0\pi^0$ $\pi e\nu, \pi\mu\nu, 3\pi^0$ $3\pi^0, \pi^0\pi^+\pi^-$
η	$u\bar{u} + d\bar{d}$	547	1,2 кэВ	$0^-(0)$	$2\gamma, 3\pi^0$, $\pi^0\pi^-\pi^+$
η'	$u\bar{u} + d\bar{d}$, $s\bar{s}$	958	0,20 МэВ	$0^-(0)$	$\rho^0\gamma, \pi^0\pi^0\eta$ $\eta\pi^+\pi^+$,
$\rho^\pm$ ρ^0	$u\bar{d}, d\bar{u}$ $u\bar{u} - d\bar{d}$	770	151 МэВ	$1^-(1)$	$\pi\pi$
ω	$u\bar{u} + d\bar{d}$	782	8,4 МэВ	$1^-(0)$	$\pi^+\pi^-\pi^0$
φ	$s\bar{s}$	1020	4,4 МэВ	$1^-(0)$	K^+K^- $\pi^+\pi^-\pi^0$
$D^\pm$	$c\bar{d}, d\bar{c}$	1869	$1.1{*}10^{-12}$	$0^-(1/2)$	К+другие
$D^0, \bar{D}^0$	$c\bar{u}, u\bar{c}$	1865	$4.2{*}10^{-13}$	$0^-(1/2)$	$e + другие$, $\mu + другие$
$D_s^\pm$	$c\bar{s}, s\bar{c}$	1969	$4.7{*}10^{-13}$	$0^-(0)$	$K + другие$
$B^\pm$ $B^0, \bar{B}^0$	$u\bar{b}, b\bar{u}$ $d\bar{b}, b\bar{d}$	5279	$1.6{*}10^{-12}$	$0^-(1/2)$	$D^0 + др, \nu + др$
J/ψ	$c\bar{c}$	3097	87КэВ	$1^-(0)$	Андроны, $e^+e^-, \mu^+\mu^-$
Y	$b\bar{b}$	9460	53КэВ	$1^-(0)$	$\tau^+\tau^-, e^+e^-$, $\mu^+\mu^-$

Андроны: Барионы *(B=1,L=0)*

Частица	Кварковый состав	Масса МэВ	Время жизни в сек или Ширина МэВ	Спин,четность, изоспин $J^p(I)$	Основные моды распада
p	uud	938.27	>1031 лет	$1/2^+(1/2)$	

n	ddu	939.57	887 ± 2	$1/2^{+}(1/2)$	$pe\widetilde{\nu}$
Λ^0	uds	1116	2.6*10^-10	$1/2^{+}(0)$	$p\pi^{-}, n\pi^{0}$
Σ^+	uus	1189	0.80*10^-10	$1/2^{+}(1)$	$p\pi^{0}, n\pi^{+}$
Σ^0	uds	1193	7.4*10^-20	$1/2^{+}(1)$	$\Lambda\gamma$
Σ^-	dds	1197	1.5*10^-10	$1/2^{+}(1)$	$n\pi^{-}$
Ξ^0	uss	1315	2.9*10^-10	$1/2^{+}(1/2)$	$\Lambda\pi^{0}$
Ξ^-	dss	1321	1.6*10^-10	$1/2^{+}(1/2)$	$\Lambda\pi^{-}$
Ω^-	SSS	1672	0.82*10^-10	$3/2^{+}(0)$	$\Lambda K^{-}, \Xi^{0}\pi^{-}$
Δ^{++}	uuu	1230-1234	115-125	$3/2^{+}(3/2)$	$(n,p)+\pi$
Δ^+	uud				
Δ^0	udd				
Δ^-	ddd				
$\Sigma^{+}(1385)$	uus	1384	36	$3/2^{+}(1)$	$\Lambda\pi, \Sigma\pi$
$\Sigma^{0}(1385)$	uds	1384			
$\Sigma^{-}(1385)$	dds	1387	39		
$\Xi^{0}(1530)$	uss	1532	9.1	$3/2^{+}(1/2)$	$\Xi\pi$
$\Xi^{-}(1530)$	dss	1535			
$N(1440)$	$N^{+}uud$	1430-1470	250-450	$1/2^{+}(1/2)$	$n(p)+\pi(2\pi)$ $\Delta\pi$
	$N^{0}udd$				
$N(1520)$	$N^{+}uud$ $N^{0}udd$	1515-1530	110-135	$3/2^{-}(1/2)$	
Λ_c^+	udc	2285	2.0*10^-13	$1/2^{+}(0)$	$(n,p)+$ *другие*
Σ_c^{++}	uuc	2453		$1/2^{+}(1)$	$\Lambda_c^{+}\pi$
Σ_c^{+}	udc	2454			
Σ_c^{0}	ddc	2452			
Λ_b	udb	5425^{+175}_{-75}			

Характеристики кварков

Характеристика	Тип кварка					
	d	u	s	c	b	T
Электрический заряд Q	-1/3	+2/3	-1/3	+2/3	-1/3	+2/3
Барионное число B	1/3	1/3	1/3	1/3	1/3	1/3
Спин J	1/2	1/2	1/2	1/2	1/2	1/2
Четность P	+1	+1	+1	+1	+1	+1
Изоспин I	1/2	1/2	0	0	0	0
Проекция изоспина I_{ζ}	-1/2	+1/2	0	0	0	0
Странность S	0	0	-1	0	0	0
Chfrm c	0	0	0	+1	0	0

Bjnnjmnes b	0	0	0	0	-1	0
Topnes t	0	0	0	0	0	+1
Масса в составе андрона, ГэВ	0,33	0,33	0,51	1,8	5	180
Масса свободного кварка ГэВ	0,007	0,005	0,15	1,3	4,1-4,4	174

Взаимосвязь и взаимопревращаемость элементарных частиц может быть выражена с предсказанием новых кварковых образований и микрочастиц.

Зарядовая сопряженность кварков, введенная в работе и доказанная при исследовании мод распада микрочастиц может быть формализована и дальше

$$S=(u+u^q)+d$$

$$c=(u+u^q)+(d+d^q)+u$$

$$b=(u+u^q)+(d+d^q)+(u+u^q)+d$$

$$t=(u+u^q)+(d+d^q)+(u+u^q)+(d+d^q)+u$$

По электрическому заряду комбинация $(u+u^q)=(d+d^q)$, поэтому

$$s=(u+u^q)+d$$

$$c=2(u+u^q)+u$$

$$b=3(u+u^q)+d$$

$$t=4(u+u^q)+u$$

Кварковая система может быть продолжена

$$b_n=(2n+1)(u+u^q)+d$$

$$t_n=2n(u+u^q)+u$$

где $n=0,1,2,3,...$

Нейтральный пион равен $\pi^0=u+u^q=8+4ki$

Поэтому общая формула для кварков представима в виде

$$b_n=(2n+1)\pi^0+d$$

$$t_n=2n\pi^0+u$$

Микрочастица положительного заряда имеет структуру

$$\mathrm{P}^+=2t_n+b_n=(6n+1)\pi^0+p^+$$

$$N^0=b_n+2t_n=(6n+2)\pi^0+n^0$$

при *n=0* имеем

$\mathrm{P}^+_{n=0}=\pi^0+p^+=\sum^+$ в соответствии с модой распада положительного сигма гиперона.

$N^0_{n=0}=2\pi^0+n^0=\Xi^0=\lambda^0+\pi^0$ в соответствии с модами распада входящих в эту формулу частиц.

При n=1 имеем

$N^0_{n=1}=8\pi^0+n^0=bb^q+n^0=\Upsilon+n^0$ также в соответствии с кварковым составом входящих в формулу частиц.

3.8. Сумма единичных глюонных вихрей с весовыми коэффициентами определяет структуру поля микрочастицы.

Комплексное пространство описывает структуризацию пространств различных по величине размерности. В [2] исследованы варианты такой структуризации как с ростом размерности пространства, так и в пределах одного измерения. Каждый уровень (под уровнем понимаем число измерений конкретного пространства) имеет подпространство делителей нуля, которое, как было показано в [2], адекватно пространству светового конуса и которое отвечает за много связность пространства. Математически предельным элементом компактизации служит ε-сфера, как область пространства, заключенная в объеме поверхности, натянутой без точек самопересечения (глава 1) на циклическую кривую типа C_3 (Рис. 1.2). В результате создается геометрическая аналогия с физическим циклонным вихрем. В сферических координатах подпространство делителей нуля сворачивается в $\varepsilon-$ туннель изолированного направления типа $\sqrt{0}e^{\pm jarktgi}$. В теоретической физике этого не удалось сделать со световым конусом, так как интервал теории относительности исследуется как результат преобразований Лоренца, данных в покоординатной матричной записи. Циклонную кривую нельзя сжать в точку так, чтобы она не содержала объема. Точки, линии в пространстве это элементы для построения ε-сфер, ε-туннелей не несут физической нагрузки. Электромагнитное лептонное и гравитационное пространство рассмотрено в главе 7 (рис64) с описанием его основных геометрических характеристик. В этом пространстве суммарное глюонное поле микрочастицы записывается в виде суммы изолированных направлений с весовыми коэффициентами a,b,c,d

$$gg\Psi_{n=4} = a + b(k \pm j) + c(j \pm i) + d(k + i) \qquad 3.8.1$$

Переходя к сферическим координатам делители нуля переведем в изолированные направления и дадим им физическую трактовку

$b(k \pm j) = b\sqrt{0}e^{\pm karktgj}$ - глюонная масса вихря электрического заряда,

$c(j \pm i) = c\sqrt{0}e^{\pm jarktgi}$ - глюонная масса вихря лептонного заряда,

$d(k + i) = d\sqrt{0}e^{+karktgi}$ -глюонная масса гравитационного вихря.

Условная замена выражений глюонных вихрей для сокращения записи дает выражение

$$gg\Psi_{n=4} = a + be^{\pm kj} + ce^{\pm ji} + de^{\pm ki} \qquad 3.8.2$$

Таким образом, все многообразие частиц имеет глюонное поле в виде (3.8.2) как сумму глюонных полей известных в настоящее время взаимодействий: электромагнитного, лептонного, гравитационного, отличающиеся весовыми коэффициентами.

Весовые коэффициенты каждой микрочастицы вычисляются из кварковых композиций

В связи с этим необходимо вычислить весовые коэффициенты кварков и определить систему кварков. Это было сделано на основе разработанных моделей микрочастиц. В основу выбора структуры кварков была взята модель нейтрального пиона π^0. Модель нейтрального пиона была рассмотрена при двух скомпенсированных глюонных вихрей: электрического и лептонного. Поэтому и вихревой состав кварков был двухкомпонентным.

Однако опираясь на исследования ядерной материи, проведенной в [2] глава 4, необходимо перейти к шестикомпонентной схеме вихревого состава кварков, оставляя без изменения логику двухкомпонентной системы. Исследования показали, что электромагнитные поля могут образовывать устойчивые ядерные образования с одним ε -туннелем, удерживающим 9-10 туннелей единичного заряда. Кроме того, эти образования формируются в блоки

6*(9-10), так что наиболее устойчивым блоком оказался блок ядра ксенона Xe_{54}. Ядерная блоковая циклонная модель позволила вывести энергию связи атомных ядер, выдвинуть новую схему радиоактивных распадов, обосновать деление ядер в пропорции 3/2 по массам продуктов деления. Совпадение результатов вычислений с экспериментальными данными позволяет принять блок из шести ε-туннелей как наиболее устойчивый структурный блок.

Логика разработанных моделей микрочастиц позволяет нейтральный пион π^0 представить как структуру из 2,3, …., скомпенсированных электронно-лептонных вихрей. В настоящей главе следуя исследованиям ядерной материи и вышесказанным рассмотрим вариант устойчивой структуры нейтрального пиона из шести скомпенсированных зарядовых вихревых туннелей. В этом случае четыре исходных кварка u, u^q, d, d^q выразим в следующем виде (опираясь естественно на модели микрочастиц)

$$\begin{aligned} u &= e^{+}_{\tilde{\nu}_1} + \sum_1^5 e^{-}_{\nu_{2n+1}} \\ u^q &= e^{-}_{\nu_1} + \sum_1^5 e^{+}_{\tilde{\nu}_{2n+1}} \\ d &= \sum_0^5 e^{-}_{\nu_{2n+1}} \\ d^q &= \sum_0^5 e^{+}_{\tilde{\nu}_{2n+1}} \end{aligned} \qquad 3.8.3$$

где $\nu_1, \nu_3, ... \nu_{2n+1}$ нейтрино, $\tilde{\nu}_1, \tilde{\nu}_{3,...\tilde{\nu}_{2n+1}}$ антинейтрино.

В соответствии с моделями нейтрино и антинейтрино $\nu_1 = \nu_e$ обозначено электронное нейтрино, $\nu_3 = \nu_\mu$ мюонное нейтрино и соответственно $\tilde{\nu}_1, \tilde{\nu}_3$ электронное и мюонное антинейтрино. Структуризация нейтринного уровня предполагает различные схемы и модели образования нейтрино и антинейтрино.

Согласно этим моделям

$\nu_e = 1 + ji = e^{jarktgi}$. Условно $\nu_e = e^{ji}$.

$\tilde{\nu}_e = 1 - ji = e^{-jarktgi}$.Условно $\tilde{\nu}_e = e^{-ji}$

Приведем систему 3.8.3 к виду 3.8.2. Для примера раскроем выражение кварка u.

$$e^{+}_{\tilde{\nu}_1} = (1 + kj)(1 + ji) = 1 + kj - ji + ki$$

$$e^{-}_{\nu_3} = (1 - kj)(3 + ji) = 3 - 3kj + ji + ki$$

$$e^{-}_{\nu_5} = (1 - kj)(5 + ji) = 5 - 5kj + ji + ki$$

$$e^{-}_{\nu_7} = (1 - kj)(7 + ji) = 7 - 7kj + ji + ki$$

$$e^{-}_{\nu_9} = (1 - kj)(9 + ji) = 9 - 9kj + ji + ki$$

$$e^{-}_{\nu_{11}} = (1 - kj)(11 + ji) = 11 - 9kj + ji + ki$$

Суммируя развернутые выражения электрически лептонного вихрей получим в соответствии с 3.8.3 кварк u. Аналогичные операции проведем для остальных кварков.В результате получим:

$$u = 36 - 34kj + 4ji + 6ki$$
$$u^q = 36 + 34kj - 4ji + 6ki$$
$$d = 36 - 37kj + 6ji + 6ki \qquad 3.8.4.$$
$$d^q = 36 + 37kj - 6ji + 6ki$$

Перейдем в системе кварков к выражению их через вихревые глюонные поля, в соответствии с формулой 3.8.2. Операции повыделению электрического, лептонного и гравитационного вихря продемонстрируем на примере кварка u.

$$u = 36 - 34kj + 4ji + 6ki =$$
$$= 36 + 34 - 34 - 34kj + 4 - 4 + 4ji + 6 - 6 + 6ki =$$
$$= 36 - 34 - 4 - 6 + 34e^{-kj} + 4e^{+ji} + 6e^{ki} =$$
$$= -8 + 34e^{-kj} + 4e^{+ji} + 6e^{+ki}$$

Обозначение вихрей записано в условном виде. Аналогичные операции дают для остальных кварков:

$$u = -8 + 34e^{-kj} + 4e^{ji} + 6e^{ki}$$
$$u^q = 68 - 34e^{-kj} - 4e^{+ji} + 6e^{ki}$$
$$d = -13 + 37e^{-kj} + 6e^{+ji} + 6e^{ki} \qquad 3.8.5$$
$$d^q = 73 - 37e^{-kj} - 6e^{+ji} + 6e^{ki}$$

В данной системе электрические и лептонные поля для всех кварков и антикварков одинаковы, так как они входят в дальнейшем в систему линейных уравнений как неизвестные. Если записать кварки и антикварки через противоположные заряды, то кварки и антикварки будут иметь одинаковые весовые коэффициенты. Линейная система даст в расчете одинаковый результат. То есть энергия единичного заряда не зависит от его знака.

В соответствии с кварковой композицией нейтрального пиона $\pi^0 \cong uu^q \cong dd^q$

Будем иметь
$$\pi^0 = uu^q = 60 + 12e^{ki}$$
$$\pi^0 = dd^q = 60 + 12e^{ki}$$

Таким образом, глюонные вихри лептонного и электрического заряда аннигилировали. Глюонное поле нейтрального пиона имеет только гравитационный зарядовый вихрь. Исследуем на примере кварков u, u^q их пространственную симметрию. Выразим глюонное поле кварков через положительный электрический зарядовый вихрь и отрицательный лептонный вихрь, получим:

$$u = 68 - 34e^{+kj} - 4e^{-ji} + 6e^{ki} \qquad 3.8.6$$
$$u^q = -8 + 34e^{+kj} + 4e^{-ji} + 6e^{ki}$$

Кварковая композиция глюонного поля нейтрального пиона определяется прежними весовыми коэффициентами $\pi^0 = uu^q = 60 + 12e^{ki}$.

Из сравнения выражений 3.8.4 и 3.8.5, 3.8.6 делаем вывод: при изменении знака заряда глюонных вихрей на противоположные весовые коэффициенты u кварка становятся равными весовым коэффициентам u^q кварка и симметрично наоборот. Таким образом, соблюдается CPT теорема квантовой механики микрочастиц.

Согласно определению микрочастицы и античастицы заряды глюонных полей u, u^q кварков должны быть сопряженными. Поэтому для кварка

$u = -8 + 34e^{-kj} + 4e^{ji} + 6e^{ki}$

антикварком является

$u^q = -8 + 34e^{+kj} + 4e^{-ji} + 6e^{ki}$

Нейтральный пион выразится в виде

$$\pi^0 = uu^q = -8 + 34 - 34kj + 4 + 4ji + 6e^{ki} - 8 + 34 - 34kj + 4 - 4ji + 6e^{ki} =$$
$$= 60 + 12e^{ki}$$

Таким образом, весовые коэффициенты кварка и антикварка равны. Кварки в данном случае отличаются только зарядами глюонных полей. Все операции симметрично повторяются и для кварков d, d^q. Зарядовые глюонные поля разных знаков аннигилируют, при этом энергия аннигиляции глюонных полей переходит в энергию вещества. Энегрию вещества в глюонном поле рассматривает как энергию скомпенсированных глюонных полей. Это вытекает из модельного построения микрочастиц.

Кварковая композиция положительного пиона $\pi^+ = ud^q$. Подставляя в эту композицию значения кварков получим выражение положительного пиона через весовые коэффициенты глюонных единичных вихрей.

$$\pi^+ = ud^q = -8 + 34e^{-kj} + 4e^{ji} + 6e^{ki} + 73 - 37e^{-kj} - 6e^{ji} + 6e^{ki} =$$
$$= 65 - 3e^{-ki} - 2e^{ji} + 12e^{ki}$$

Отрицательный весовой коэффициент и отрицательный заряд единичного электрического вихря дает изоспин равный $+1, T_\xi^{\pi^+} = +1$

$\pi^+ = 55 + 3e^{kj} + 2e^{-ji} + 12e^{ki}$,

Зарядовое сопряжение C меняет как знак электрического вихря, так и знак весового коэффициента, оставляя знак изоспина без изменения.

Отрицательный пион имеет кварковую композицию $\pi^- = du^q$ и поэтому расчет весовых коэффициентов дает

$$\pi^- = du^q = -13 + 37e^{-kj} + 6e^{ji} + 6e^{ki} + 68 - 34e^{-kj} - 4e^{ji} + 6e^{ki} =$$
$$= 55 + 3e^{-kj} + 2e^{ji} + 12e^{ki}$$

Положительный весовой коэффициент и отрицательный заряд электрического вихря дает изоспин - 1

$\pi^- = 65 - 3e^{kj} - 2e^{-ji} + 12e^{ki}$,

Изменение знака электрического вихря влечет за собой изменение знака весового коэффициента, оставляя знак изоспина без изменения.

Отрицательный и положительный пионы отличаются величиной вещественной части глюонного поля и знаками проекций зарядовых глюонных вихрей. При изменении знака глюонных полей в любом из пионой получим другой зарядовый пион как античастицу.

$$C(\pi^-) = 55 + 3 - 3 + 3 - 3kj + 2 - 2 + 2 + 2ji + 12e^{ki} =$$
$$= 55 + 6 + 4 - 3e^{kj} - 2e^{-ji} + 12e^{ki} = 65 - 3e^{kj} - 2e^{-ji} + 12e^{ki}$$

В результате имеем выполнение теоремы CP (сопряжения и зеркального отбражения) .

$C(\pi^+) = \pi^- \quad CP(\pi^+) = \pi^+$,

$C(\pi^-) = \pi^+ \quad CP(\pi^-) = \pi^-$

π-мезоны образуют изотопический триплет частиц с изоспином $T = 1$ и проекциями изоспина $T_\zeta^{\pi^+} = 1, T_\zeta^{\pi^-} = -1, T_\zeta^{\pi^0} = 0$

Нейтральный пион не имеет зарядовых глюонных полей и его изоспин равен нулю, положительный пион имеет положительные весовые коэффициенты перед положительно заряженным электрическим глюонным полем и отрицательным лептонным. Изоспин равен +1.

Отрицательный пион имеет отрицательные значения весовых коэффициентов перед положительно заряженным глюонным электрическим полем и отрицательным лептонным. Изоспин равен -1.

Одновременно положительный пион может иметь отрицательные весовые коэффициенты перед отрицательно заряженным электрическим глюонным полем и положительно заряженным лептонным. Однако изоспин равен +1. Для отрицательного пиона будем иметь положительные весовые коэффициенты при отрицательном электрическим глюонным полем и положительным лептонным. Изоспин равен -1.

Современная теоретическая физика микрочастиц не выявила ту пространственную симметрию, которая отвечает знаку заряда, то есть до настоящего времени не определено фундаментальное свойство заряда быть положительным и отрицательным. В связи с этим знак изоспина увязывается со знаком заряда.

Комплексное пространство определило симметрию, которая отвечает за это фундаментальное свойство заряда быть положительным и отрицательным. Знак заряда не зависит от положения заряда в пространстве, находится заряд в верхнем полупространстве или в нижнем полупространстве. В связи с этим понятие изоспина можно уточнить. Изоспин введен в формальном вспомогательном пространстве с условными осями ξ, η, ζ, которое называется изотопическим. Комплексное пространство не является формальным пространством и не имеет трех линейных осей. Комплексное пространство обладает и свойством формального изотопического пространства. Понятие изотопического спина увязано с зарядом, который определяется зарядом глюонного поля и знаками весовых коэффициентов, с которыми глюонные поля входят в суммарное глюонное поле микрочастицы. Исследование изоспина пионного триплета уточняет знак изоспина: для обозначения изоспина используем принятые обозначения в квантовой механики микрочастиц $T_{\xi}^{частица}$.

Изоспин положителен для частиц, у которых глюонное поля электрического заряда определено в верхнем полупространстве (или изолированное направление глюонного поля электрического заряда совпадает с положительным направлением комплексной оси $ke^{j\varphi+i\phi}$). Изоспин отрицателен, если его изолированное направление образовано в нижнем полупространстве и совпадает с отрицательным направлением комплексной оси $-ke^{j\varphi+i\phi}$.

Знак изоспина не обязательно совпадает со знаком заряда. Изолированное направление глюонного поля может быть положительным но образоваго в нижнем полупространстве и поэтому изоспин будет отрицательным. И также возможен вариант, когда отрицательный заряд образован в верхней полусфере пространства и его изоспин положителен. Эта симметрия вытекает из моделей этой главы.

Рассмотрим другой вариант стабильной частицы. Протон имеет кварковую композицию $p^{+} = uud$. В весовых коэффициентах и единичных глюонных полей эта композиция дает два варианта:

$$p^{+} = -29 + 105e^{-kj} + 14e^{ji} + 18e^{ki}$$
$$\widetilde{p}^{+} = 209 - 105e^{kj} - 14e^{-ji} + 18e^{ki} \qquad 3.8.7$$

Из этих двух вариантов один дает протон другой антипротон. Это предстоит выбрать.

Антипротон можно образовать кварковой композицией $\widetilde{p}^{+} = u^{q}u^{q}d^{q}$. В весовых коэффициентах гдюонных вихрей будем иметь выражения.

$$\widetilde{p}^{+} = 209 - 105e^{-kj} - 14e^{ji} + 18e^{ki}$$

$$C(\widetilde{p}^{+}) = p^{+} = -29 + 105e^{kj} + 14e^{-ji} + 18$$

В связи с этим принимаем первое выражение из 3.8.7 за протон, а второе из 3.8.7 за антипротон.

Считается, что протон имеет спин равный +1. Следовательно глюонный электрический вихрь протона даже если он отрицателен, но направлен (или имеет проекцию положительную с коплексной третьей осью в пространстве) и сформирован в верхнем полупространстве то есть имеет положительную величину своего весового коэффициента, то частица имеет изоспин +1 и соответственно положительный заряд.

Протон, определенный через кварковую композицию $p^{+} = uud = -29 + 105e^{-kj} + 14e^{ji} + 18e^{ki}$ по определению квантовые числа протона спин, четность, изоспин $1/2^{+}(1/2)$

Антипротон, определенный через кварковую композицию $\widetilde{p}^{+} = u^{q}u^{q}d^{q} = 209 - 105e^{-kj} - 14e^{ji} + 18e^{ki}$ переходит через операцию зарядовой симметрии (которая неоднократно демонстрируется) в протон

$C(\widetilde{p}^{+}) = -29 + 105e^{kj} + 14e^{-ji} + 18e^{ki}$, изоспин которого равен 1/2

Таким образом, протон обладает способностью менять знак изоспина, сохраняя свою массу.

Нейтрон обладает аналогичной симметрией $n^{0} = ddu = -34 + 108e^{-kj} + 16e^{ji} + 18e^{ki}$, квантовые числа $1/2^{+}(1/2)$

$$C(\widetilde{n}^{0}) = C(d^{q}d^{q}u^{q}) = -34 + 108e^{+kj} + 16e^{-ji} + 18e^{ki},$$

Установлено, что в ядерных взаимодействиях протон и нейтрон обладают противоположными изоспинами.

Нейтрон имеет кварковую композицию $n^{0} = ddu$. Запишем композицию в весовых коэффициентах $n^{0} = -34 + 108e^{-kj} + 16e^{ji} + 18e^{ki}$. По комбинации знаков весовых коэффициентов и вихревых зарядов нейтрон не отличается от протона. Однако он нейтрален и поэтому необходимо рассмотреть разницу в величинах коэффициентах $n^{0} - p^{+} = -5 + 3e^{-kj} + 2e^{ji}$

Вычитая из этой разницы электронное антинейтрино в соответствии со схемой распада нейтрона получим

$$E^{-} = -5 + 3e^{-kj} + 2 + 2ji - 1 + ji =$$
$$= -4 + 3e^{-kj} - 3 + 3 + 3ji =$$
$$= -7 + 3e^{-kj} + 3e^{ji}$$

Эта разница определяет весовые коэффициенты распада нейтрального нейтрона на электрон и электронное антинейтрино по схеме, установленной в экспериментах $n^{0} = p^{+} + E^{-} + \widetilde{\nu}_{e}$

Согласно этой схеме один из кварков d в композиции нейтрона переходит в кварк u выделяя электрон и электронное антинейтрино, так что электрон равен

$$E^- = d - u - (1 - ji) = e^-_{\nu_e} - e^+_{\tilde{\nu}_e \Rightarrow \tilde{\nu}_e} = (1 - kj)(1 + ji) - (1 + kj) =$$

$$= 1 - kj + ji + ki - 1 - kj = -2kj + ji + ki = -4 + 2e^{-kj} + e^{ji} + e^{ki}$$

Итак электрон выражается в виде

$$E^- = -4 + 2e^{-kj} + e^{ji} + e^{ki}$$

В первом варианте нет учета кинетической энергии распада, которая составляет разницу в глюонных полях электрона вычисленных этими двумя способами $Q = -3 + e^{-kj} + 2e^{ji} - e^{ki}$

После определения энергии глюонных полей эта величина была вычислена. $Q = 0.959 Мэв$

Экспериментальная величина равна 0,762 Мэв. Расхождение составляет 23%.

Таким образом, рассмотрены четыре стабильных микрочастицы p^+, n^0, π^+, E^-

Определены выражения суммарного глюонного поля каждой из частиц через весовые коэффициенты и вихревые единичные зарядовые поля.

$$\Psi_g(p^+) = -29 + 105e^{-kj} + 14e^{ji} + 18e^{ki}$$

$$\Psi_g(n^0) = -34 + 108e^{-kj} + 16e^{ji} + 18e^{ki}$$

$$\Psi_g(\pi^-) = 65 - 3e^{-kj} - 2e^{ji} + 12e^{ki} \qquad 3.8.8$$

$$\Psi_g(E^-) = -4 + 2e^{-kj} + e^{ji} + e^{ki}$$

Для каждой частицы значения весовых коэффициентов не меняется, если изменить знаки электрического и лептонного вихря.

$$\Psi_g(p^+) = -29 + 105e^{kj} + 14e^{-ji} + 18e^{ki}$$

$$\Psi_g(n^0) = -34 + 108e^{kj} + 16e^{-ji} + 18e^{ki}$$

$$\Psi_g(\pi^-) = 65 - 3e^{kj} - 2e^{-ji} + 12e^{ki} \qquad 3.8.9$$

$$\Psi_g(E^-) = -4 + 2e^{kj} + e^{-ji} + e^{ki}$$

Установленная симметрия есть следствие равенства масс единичных глюонных полей разных знаков.

$$\Psi_g(e^{+kj}) = \Psi_g(e^{-kj}), \Psi_g(e^{+ji}) = \Psi_g(e^{-ji}) \qquad 3.8.10$$

Система глюонных полей составлена из наиболее стабильных частиц, для которых исследовано соответствие квантовых чисел физики микрочастиц со структурой этих глюонных полей. Система составлена для четырех частиц и содержит четыре неизвестных в виде единичных глюонных полей и четыре величины суммарного глюонного поля каждой микрочастицы.

Для определения масс зарядовых единичных глюонных полей в системе 3.8.9 необходимо вычислить суммарное глюонное поле микрочастиц. Энергетически микрочастица рассматривается как дефект массы в результате взаимодействия фундаментальных масс m_g. Дефект масс есть в свою очередь следствие образования глюонного поля между взаимодействующими массами.

$$m_x c^2 = k m_g c^2 \pm \sqrt{(k m_g c^2)^2 - (m(\Psi_g^x) c^2)^2} \qquad 3.8.11$$

где к- количество взаимодействующих фундаментальных масс,

$m(\Psi_g^x)c^2$ -суммарная масса глюонного поля микрочастицы,

$m_x c^2$ - масса частицы.

Формула представляет операционную замену интервала теории относительности на энергетические массы. Формула использовалась при вычислении энергии связи атомных ядер, а также при исследовании радиоактивных распадов ядер. Сходимость результатов с экспериментальными данными дает основание в применении этой формулы и в дальнейших расчетах.

Если известно суммарное поле микрочастицы, то масса частицы определяется из 3.8.11, если известна массы частицы, то глюонное поле определяется по формуле

$$m(\Psi_g^x)c^2 = \sqrt{2km_g c^2 m_x c^2} \qquad 3.8.12$$

Для определения единичных глюонных зарядовых полей, которые через весовые коэффициенты составляют суммарное глюонное поле, используем систему 3.8.9, в которой суммарные глюонные поля определены для стабильных частиц с известными массами.

Если известны единичные глюонные зарядовые массы, то по известным весовым коэффициентам будет определено суммарное глюонное поле микрочастицы и ее масса по формуле

$$m_x c^2 = \frac{(m(\Psi_g^x)c^2)^2}{2km_g c^2} \qquad 3.8.13$$

Таким образом, если определить вклад каждого зарядового вихря в глюонное поле микрочастицы с соответствующими весовыми коэффициентами, вычисленными из кварковых композиций классификации микрочастиц и модами распада, то по формуле 3.8.13 вычисляются массы микрочастиц.

Согласно формулы 3.8.12 для наиболее стабильных частиц имеем:

$$m(\Psi_g^{p^+})c^2 = 67.527*10^{11}\,Мэв, m(\Psi_g^{n^0})c^2 = 67.713*10^{11}\,Мэв,$$

$$m(\Psi_g^{\pi^-})c^2 = 26.11*10^{11}\,Мэв, m(\Psi_g^{E^-})c^2 = 1.58*10^{11}\,Мэв$$

В результате из 3.8.9 имеем систему

$$\begin{aligned} 67.527*10^{11} &= -29 + 105e^{-kj} + 14e^{ji} + 18e^{ki} \\ 67.713*10^{11} &= -34 + 108e^{-kj} + 16e^{ji} + 18e^{ki} \\ 26.11*10^{11} &= 65 - 3e^{-kj} - 2e^{ji} + 12e^{ki} \\ 1.58*10^{11} &= -4 + 2e^{-kj} + e^{ji} + e^{ki} \end{aligned} \qquad 3.8.14$$

Решение системы 3.8.14 дает следующие значения величин единичных зарядовых вихрей.

$$\begin{aligned} m_g(e^{-kj})c^2 &= 0.4667*10^{11}\,Мэв \\ m_g(e^{ji})c^2 &= -0.3471*10^{11}\,Мэв \\ m_g(e^{ki})c^2 &= 1.520807*10^{11}\,Мэв \\ {}_{m_g}(1) &= 0.13171*10^{11}\,Мэв \end{aligned} \qquad 3.8.15$$

Рассмотрим энергетическую структуру кварков на примере u, u^q

$$u = -8 + 34e^{-kj} + 4e^{ji} + 6e^{ki}$$

$$u^q = 68 - 34e^{-kj} - 4e^{ji} + 6e^{ki}$$

Определим радиусы изолированных ε-туннелей заряженных глюонных вихрей по формуле квантовой механики $\lambda_x = \dfrac{h}{m_x c}$. Для каждого вихря входящего в состав u кварка будем иметь:

$$\lambda(e^{kj}) = \frac{h}{(34*0.4667*10^{11})c} = 047605*10^{-21}\,см$$

$$\lambda(e^{ji}) = 5.44*10^{-21}\,см$$

$$\lambda(e^{ki}) = 0.8278*10^{-21}\,см \qquad 3.8.16$$

$$\lambda(1) = 7{,}198*10^{-21}\,см$$

Теоретическая физика дает величину сечения слабого взаимодействия $\approx 10^{-43}$ см. Вычисленная величина радиуса изолированных туннелей зарядовых вихрей находится в полном соответствии с этой величиной. Таким образом, до $r \approx 10^{-21}$ см Следовательно кварк может рассматриваться как точечная частица до величины этого радиуса. Вещество кварка сосредоточено в объеме радиуса $7.198*10^{-21}$ см.

Структура глюонного поля задает квантовые числа и массу микрочастиц.

Исследуем влияние квантовых чисел на структуру и массу микрочастиц на трехкомпонентной кварковой композиции барионов.

Резонанс $\Delta^{++}(1232)$ имеет кварковую структуру uuu, которая задает глюонное поле в виде $g\Delta^{++}(1232) \Rightarrow 0 + 102e^{-kj} - 12e^{ji} + 18e^{ki}$, которое представляет сумму глюонных составляющих исходного кварка $u = -8 + 34e^{-kj} + 4e^{ji} + 6e^{ki}$, в котором к лептонной составляющей применена операция сопряжения и отражения. Иными словами тройной поворот лептонного поля дает спин микрочастицы равным $s = 3/2$, так как исходный спин кварка принят 1/2 в системе расчета. Спин микрочастицы представляет количество поворотов лептонного поля в композиции частицы. Вычисление массы дает величину $m_{\Delta^{++}(1232)}c^2 = 1282$ Мэв. Расхождение составляет 4.1%. Изоспин равен 3/2,

Изоспин определяется электрической составляющей глюонного поля частицы и в этой композиции он равен $J = 3/2$, так как оно представляет утроенное поле глюонного поля исходного кварка u. Кроме того согласно изоспиновой диаграмме рис глюонные (электрическое и лептонное) складываются.

Кварковый состав uud представлен двумя микрочастицами $p^{+}(938), \Delta^{+}(1232)$

Протон входит в систему уравнений, т. е., поэтому имеет квантовые числа $1/2^{+}(1/2)$.

Поворот глюонного поля в кварках u,d определяет суммарное поле композиции

$$g\Delta^{+}(1232) = -9 + 105e^{-kj} - 6e^{ji} + 18e^{ki}.$$

Вычисления дают массу резонанса $m_{\Delta^{+}(1232)}c^2 = 1227.7$ Мэв. Расхождение составляет 0.76%. Спин частицы, следуя предыдущим рассуждениям, равен 1/2 изоспин равен 3/2. Однако масса меньше экспериментальной и поэтому необходимо рассмотреть вариант с третьим поворотом глюонного поля в третьем кварке композиции. Тогда будем иметь

$g\Delta^{+}(1236) = -1 + 105e^{-kj} - 14e^{ji} + 18e^{ki}$. Вычисления дают $m_{\Delta^{+}(1236)}c^{2} = 1346.8$ Мэв. Расхождение составляет 9,3%. Спин равен 3/2, изоспин равен 3/2.

Кварковая композиция *udd* представлена двумя частицами $n^{0}(940), \Delta^{0}(1232)$.

Нейтрон является как и протон исходной частицей для вычислений полей. Поэтому рассматриваем более подробно резонанс.

Если в кварках *d* повернуть (СР) лептонное поле, то получим суммарное глюонное поле композиции в виде $g\Delta^{0}(1232) = -10 + 108e^{-kj} - 8e^{ji} + 18e^{ki}$

Вычисление массы дает величину $m_{\Delta^{0}(1236)}c^{2} = 1285.6$ Мэв. Спин равен 1/2, изоспин равен 3/2. Четность положительная. $1/2^{+}(3/2)$.

Если повернуть лептонное поле и в кварке u, то получим $g\Delta^{0}(1236) = -2 + 108e^{-kj} - 14e^{ji} + 18e^{ki}$.

Вычисление массы дает $m_{\Delta^{0}(1236)}c^{2} = 1389.24$ Мэв. Расхождение составляет 13%.

Спин резонанса равен 3/2, так как повернуто лептонных составляющих в композиции из трех кварков. Изоспин равен также 3/2, так как имеем электрическую составляющую глюонного поля равную сумме трех электрических глюонных полей. $3/2^{+}(3/2)$-квантовые числа микрочастицы находятся в соответствии с экспериментальными.

Обобщая вычисления, сформулируем правило 1 для определения спина и изоспина не странных микрочастицы. 1. Изоспин микрочастицы определяется тем количеством весовых коэффициентов электрического глюонного поля исходных кварков (по абсолютной величине), которое составляет суммарный весовой коэффициент электрического поля микрочастицы (также рассматривается абсолютная величина). Спин микрочастицы равен количеству весовых коэффициентов лептоного поля, которое укладывается в абсолютное значение суммарного весового лептонного коэффициента микрочастицы. В принципе правила сводятся к делению весовых коэффициентов электрического и лептонного поля на весовые (соответствующие)коэффициенты исходных кварков, участвующих в композиции микрочастицы.

Кварковая композиция *ddd* дает резонанс $\Delta^{-}(1241)$. Квантовые числа $3/2^{+}(3/2)$. Глюонное поле для этой композиции определим с поворотом лептонной составляющей в двух и трех кварках и соответственно получим.

$$g\Delta^{-}(1241) = -15 + 111e^{-kj} - 6e^{ji} + 18e^{ki} \Rightarrow m_{\Delta^{-}(1241)}c^{2} = 1287.23\text{Мэв}$$

$$g\Delta^{-}(1241) = -3 + 111e^{-kj} - 18e^{ji} + 18e^{ki} \Rightarrow m_{\Delta^{-}(1241)}c^{2} = 1480.32\,Мэв$$

Расхождение с экспериментальными значениями составляет для первого случая 3,7%, для второго 19%. Квантовые числа вычисляются по введенному правилу и равны для первого случая $1/2^{+}(3/2)$, для второго $3/2^{+}(3/2)$.

Таким образом, рассмотрены квантовые числа частиц и резонансов, имеющих заряд странности $S = 0$. Вычисления дают зависимость массы частицы от весовых коэффициентов лептонного поля. Резонансы

$\Delta^{++}(1232), \Delta^{+}(1236), \Delta^{0}(1236), \Delta^{-}(1241)$ представляют мультиплет с одинаковыми квантовыми числами $3/2^{+}(3/2)$. В вычислениях масс резонансов проявилась также зависимость массы от разности в весовых коэффициентах электрического и лептонного поля в исходных кварках u, d. Где больше доля кварка d в композиции, тем больше масса. Расхождение в мультиплетах физика микрочастиц допускает до 15%. Для мультиплета со спином 1/2 расхождение составляет между массами 10%, для спина 3/2 расхождение составляет 15%.

Далее проведем вычисления для барионов с зарядом странности $S = -1$. Это микрочастицы, которые содержат в своей композиции кварк $S = (u + u^{q}) + d$. Заряд странности (по введенной нами классификации) определяется скомпенсированными электрическим и лептонным полем в кварковой композиции $(u + u^{q})$. Суммарное поле этой композиции равно $u + u^{q} = d + d^{q} = 60 + 6e^{ki}$.

Кварковая композиция uus представлена двумя частицами $\Sigma^{+}(1383), \Sigma^{+}(1189)$.

Глюонное поле этой композиции состоит из трех кварков u, одного кварка u^{q} и одного кварка d. Поворот одного электрического и трех лептонных полей определит глюонное поле микрочастицы $g\Sigma^{+}(1383) = 127 + 37e^{-kj} - 14e^{ji} + 30e^{ki}$ (произведено два поворота в кварках u и один поворот в кварке d. Спин равен 3/2. Изоспин равен 1, так как происходит сложение электрического и лептонного поля согласно диаграмме.

$g\Sigma^{+}(1189) = 107 + 37e^{-kj} + 6e^{ji} + 30e^{ki}$ (произведено два поворота лептонного поля в кварках u). Спин равен 1/2. Изоспин равен 1/2. (происходит вычетание глюонных полей согласно диаграмме) Массы соответственно равны

$m_{\Sigma^{+}(1383)}c^{2} = 1458$ Мэв. Расхождение составляет 5.3%. Спин равен 3/2. Изоспин 1/2.

$m_{\Sigma^{+}(1189)}c^{2} = 1146.83$.Мэв. Расхождение составляет 3.6%.

Можно рассмотреть другие варианты глюонного поля. Поворот лептонного поля в кварке d и поворот электрического поля в кварке u дает

$g\Sigma^{+}(1189) = 111 + 37e^{-kj} + 2e^{ji} + 30e^{ki}$

Квантовые числа равны $1/2^{+}(1/2)$. Вычисление массы дает величину $m_{\Sigma^{+}(1189)}c^{2} = 1206$ Мэв. Расхождение составляет 1.4%. Таким образом, к правилу 1 добавляется уточнение для странных частиц. К значению изоспина, определенному по правилу 1, необходимо прибавить $J = \frac{1}{2}\|S\|$, где S -величина странного заряда.

Далее рассмотрим кварковую композицию uds, представленную тремя микрочастицами $\Sigma^{0}(1386), \Sigma^{0}(1192), \lambda^{0}(1116)$. Построение глюонных полей микрочастиц остается в силе. Один поворот электрического поля дополняется одним, двумя и тремя поворотами лептонного поля в кварках. Последовательно будем иметь

$g\Sigma^{0}(1192) = 120 + 34e^{-kj} - 4e^{ji} + 30e^{ki} \Rightarrow m_{\Sigma^{0}(1192)}c^{2} = 1265.5\,Мэв$

$g\Sigma^{0}(1385) = 132 + 34e^{-kj} - 16e^{ji} + 30e^{ki} \Rightarrow m_{\Sigma^{0}(1385)}c^{2} = 1456.13\,Мэв$

$$g\lambda^0(1116) = 112 + 34e^{-kj} + 4e^{ji} + 30e^{ki} \Rightarrow m_{\lambda^0(1116)}c^2 = 1145.31 Мэв$$

В соответствии с правилом 1 имеем квантовые числа $S = 1/2, s = 3/2, s = 1/2$ Изоспин для всех частиц по правилу один равен 1/2. Однако учитывая дополнение к правилу один получаем для всех микрочастиц изоспин равный 1.

С кварковой композицией dds для квантовых чисел имеем аналогию предыдущему рассмотрению. Имеем две частицы $\Sigma^-(1197), \Sigma^-(1385)$.

Глюонные поля имеют аналогичное построение

$$g\Sigma^-(1197) = 92 + 37e^{-kj} + 6e^{ji} + 30e^{ki} \Rightarrow m_{\Sigma^-(1197)}c^2 = 1087.33 Мэв$$

$$g\Sigma^-(1385) = 95 + 37e^{-kj} - 18e^{ji} + 30e^{ki} \Rightarrow m_{\Sigma^-(1385)}c^2 = 1363.26 Мэв$$

Расхождение по массам составляет 2.6% и 1.6%.

Квантовые числа равны соответственно с учетом введенных правил $1/2^+(1), 3/2^+(1)$.

Квареовых композиций с двумя зарядами странности (то есть они содержат два кварка S) две uss, dss. Соответственно имеем по две частицы в каждой композиции. $\Xi^0(1529), \Xi^0(1315), \Xi^-(1321), \Xi^-(1530)$

Глюонные поля этих микрочастиц образованы поворотом электрического лептонного поля в двух кварках и дополнительно поворотами лептонных полей в двух или трех кварках.

Глюонные поля соответственно равны

$$g\Xi^0(1315) = 258 - 34e^{-kj} - 4e^{ji} + 42e^{ki}$$

$$\Rightarrow m_{\Xi^0(1315)}c^2 = 1234 Мэв$$

$$g\Xi^0(1529) = 240 - 34e^{-kj} - 16e^{ji} + 42e^{ki}$$

$$\Rightarrow m_{\Xi^0(1529)}c^2 = 1480.6 Мэв$$

$$g\Xi^-(1321) = 253 - 34e^{-kj} - 6e^{ji} + 42e^{ki}$$

$$\Rightarrow m_{\Xi^-(1321)}c^2 = 1372 Мэв$$

$$g\Xi^-(1535) = 265 - 37e^{-kj} - 18e^{ji} + 42e^{ki}$$

$$\Rightarrow m_{\Xi^-(1535)}c^2 = 1571.56 Мэв$$

Расходимость по массе составляет для каждой частицы, 3.2%, 3.9%. 2.45%. Все микрочастицы имеют отрицательные электрические составляющие глюонного поля, поэтому изоспин по правилу 1 имеет отрицательное значение -1/2 плюс составляющая изоспина по дополнению к правилу равная $\frac{1}{2}2 = 1$. Таким образом, изоспин равен 1/2. Спин определяется по первому правилу. Для первой и третьей частицы он равен $s = 1/2$, для третьей и четвертой частицы он равен 3/2.

Кварковая композиция с тремя зарядами странности sss имеет частица $\Omega^-(1672)$.

Композиция состоит из 3-х кварков d и трех композиций $(u + u^q)$, так как кварк $s = (u + u^q) + d$.

Имеем глюонное поле как сумму кварковых глюонных полей

$3d = -39 + 111e^{-kj} + 18e^{ji} + 18e^{ki} +$

$(u + u^q) = 180 + 36e^{ki} = 141 + 111e^{-kj} + 18e^{ji} + 18e^{ki}$

Однако глюонное поле микрочастицы образовано в результате поворота электрического и лептонных полей и будет иметь вид $g\Omega^-(1672) = 399 - 111e^{-kj} - 18e^{ji} + 18e^{ki}$

Это поле дает массу $m_{\Omega^-(1672)}c^2 = 1618 Мэв$. Расхождение составляет 3.3%.

Спин равен $s = 3/2$, изоспин равен 0, так как имеем три отрицательных поворота электрического глюонного поля $J = -3/2$ плюс $j = \frac{1}{2}(S = 3) = 3/2$. Таким образом квантовые числа соответствуют экспериментальным $3/2^+(0)$.

Рассмотрим резонансы с зарядом очарование. Заряд обусловлен наличием в кварковой композиции очарованного кварка С. По модельной системе кварк $c = 3(u + u^q) + u$.

Микрочастица $\lambda_c^+(2285)$ имеет кварковую композицию udc, которая дает глюонное поле

$g\lambda_c^+(2285) = 179 + 37e^{-kj} - 6e^{ji} + 42e^{ki}$. Вычисление массы дает величину

$m_{\lambda_c^+(2285)}c^2 = 2330 Мэв$. Расхождение составляет 2%. Спин частицы равен 1/2. Изоспин равен 1/2 плюс $\frac{1}{2}(c = 1) = 1/2$. Изоспин равен $J = 1$. Отличается от экспериментального равного 0.

Далее $\Sigma^{++} \Rightarrow uuc \Rightarrow 188 + 34e^{-kj} - 12e^{ji} + 42e^{ki}$

$\Rightarrow m_{\Sigma_c^{++}(2453)}c^2 = 2413 Мэв$

Расхождение составляет 1,7%.

Квантовые числа соответствуют экспериментальным $1/2^+(1)$. Вычисление проведены по отработанным правилам.

$\Sigma_c^0 \Rightarrow ddc \Rightarrow 192 + 34e^{-kj} - 4e^{ji} + 42e^{ki} \Rightarrow m_{\Sigma_c^0(2452)}c^2 = 2341 Мэв$

Расхождение составляет 1.3%.

Квантовые числа микрочастицы соответствуют экспериментальным $1/2^+(1)$.

Далее рассмотрим по разработанной методике частицу с зарядом прелесть b. Микрочастица в своей кварковой композиции содержит кварк b.

$\lambda_b \Rightarrow udb \Rightarrow 178 + 108e^{-kj} - 14e^{ji} + 54e^{ki}$

$\Rightarrow m_{\lambda_b(5425)}c^2 = 5289 Мэв$

Расхождение 1.3%.

Спин и изоспин вычисляются по ранее обнаруженным закономерностям $3/2^+(3/2)$. Масса и квантовые числа имеют предсказательную силу, так как для этой частицы нет конкретных данных.

3.9. Вычисление масс микрочастиц по кварковым композициям и модам распада. Вычисление квантовых чисел микрочастиц, исследование связи спина, изоспина, четности с величиной массы микрочастицы. Реализация квантовой CPT-теоремы. Исследование закона не сохранения четности.

В общем виде микрочастица имеет суммарное глюонное поле в виде четырех составляющих из произведений единичных зарядовых глюонных полей на весовые коэффициенты.

$\Psi_g = a + be^{-kj} + ce^{ji} + de^{ki}$, где весовые коэффициенты a,b,c,d вычисляются из кварковых композиций микрочастиц, принятых в классификации микрочастиц.

В основу классификации положена теория кварков, претендующих в настоящее время на предельные фундаментальные частицы. Глюонное поле кварков описывается также этой формулой. Для микрочастиц весовые коэффициенты вычисляются по известным кварковым композициям или по модам распада микрочастиц. Для примера, разберем в общем виде кварковую композицию из двух кварков (соответствует мезонам). Даны

$$\Psi_g(1) = a_1 + b_1 e^{-kj} + c_1 e^{ji} + d_1 e^{ki}$$

$$\Psi_g(2) = a_2 + b_2 e^{-kj} + c_2 e^{ji} + d_2 e^{ki}$$

Суммарное глюонное поле этих двух условных кварков запишется в виде:

$$\Psi_g(1{,}2) = \Psi_g(1) + \Psi_g(2) = (a_1 + a_2) + (b_1 + b_2)e^{-kj} + (c_1 + c_2)e^{ji} + (d_1 + d_2)e^{ki}.$$

Структура глюонного поля будет зависеть от сумм весовых коэффициентов:

При $(b_1 + b_2) = 0$ отсутствует в структуре электрическая составляющая глюонного поля в явном виде и как показали дальнейшие вычисления изоспин в этом случае зависит от наличия в комбинации глюонного поля коэффициентов $(a_1 + a_2) \neq 0, (d_1 + d_2) \neq 0$, которые содержат скомпенсированные электрические и лептонные поля. Количество скомпенсированных полей выражается весовыми коэффициентами нейтрального пиона. В свою очередь количество этих коэффициентов определяет заряды s,c,b,t. Согласно разобранным моделям структуризации пространства возможны бесконечные варианта композиций типа sc, scb, sb, cbt, а также $ns + n_1 c$, и так далее (где n_i-количество одноименного заряда) в одной кварковой композиции микрочастицы.

При $(c_1 + c_2) = 0$ отсутствует лептонная составляющая глюонного поля тоже в явном виде и спин $s = 0$.

Возможны реализации одновременно этих двух вариантов. Отрицательная четность соответствует когда реализовано любое из этих условий. Эти рассуждения относятся к любому числу кварков в композиции микрочастицы.

Если не одно из этих условий не выполняется, то имеем положительную четность микрочастицы спин $s \neq 0$, изоспин $J \neq 0$. При этом взаимное расположение глюонных полей электрической и лептонной составляющей влияет на величину изоспина, на величину спина влияет величина весового коэффициента. Это будет конкретно фиксировано при вычислении масс микрочастиц и их квантовых чисел. Спин микрочастицы определяется по формуле $s = \frac{1}{2}\frac{c_x}{c_{u,d}}$,

Где c_x - весовой коэффициент лептонного поля частицы,

$c_{u,d}$ - весовой коэффициент лептонного поля кварка u, или кварка d.

$J = \frac{1}{2} * \frac{b_x}{b_{u,d}} + \frac{1}{2}\sum_1^n Q_x$, где $\sum_0^n ks + k_1c + k_2b + \ldots$ сумма всех отрицательных и положительных зарядов, имеющих разное количество скомпенсированных электрических и лептонных поле в составе микрочастицы, b_x -весовой коэффициент электрической составляющей глюонного поля, $b_{u,d}$ -весовой коэффициент электрического поля кварка u или кварка d.

Вычисления показали жесткую связь между квантовыми числами микрочастицы и ее массой. Так как весовой коэффициент спина исходного кварка u,d составляет небольшой удельный вес по сравнению с другими весовыми коэффициентами, то массы частиц при изменении спина незначительно отличаются друг от друга и современная классификация объединила их как дуплеты, триплеты и так далее.

Квантовые числа, вычисленные по формулам, для кварковых композиций, заданных современной классификацией микрочастиц, определяют структуру глюонного поля и массу микрочастицы в пределах 8% относительно экспериментальной в большинстве случаев.

Исследовано 26 барионов и 19 мезонов.

На рис 3.14, 3.15, 3.16, 3.17 представлены изоспиновые диаграммы различных вариантов глюонного поля микрочастицы без учета изоспина задаваемого скомпенсированными полями.

Кварк $u = -8 + 34e^{-kj} + 4e^{ji} + 6e^{ki}$ в композициях микрочастиц может преобразовываться в антикварк $u^q = 68 - 34e^{+kj} - 4e^{-ji} + 6e^{ki}$, а также в два кварка, у одного из которых лептонное поле имеет отрицательный заряд с отрицательным весовым коэффициентом $u1 = 0 + 34e^{-kj} - 4e^{-ji} + 6e^{ki}$, у другого развернута также лептонная составляющая глюонного поля $u^q 1 = 60 - 34e^{+kj} + 4e^{ji} + 6e^{ki}$. Если в кварке $u1$ дополнительно перейти к положительному электрическому глюонному полю, то получим кварк u^q. Переход в кварке $u^q 1$ отрицательному электрическому глюонному полю получим кварк u.

Кварки были получены при исследовании моделей микрочастиц. В нейтральном пионе имеем скомпенсированные электрические и лептонные поля. Поэтому при замене зарядов глюонных полей на противоположные происходит замена знака весовых коэффициентов получаем из кварка антикварк но с противоположными зарядами (и наоборот). Поясним это системой

$$\left.\begin{array}{l} u(kj, ji) \Rightarrow \left[u^q(e^{+kj}, e^{-ji}), u(e^{-kj}, e^{ji})\right) \\ u^q(kj, ji) \Rightarrow \left[u^q(e^{-kj}, e^{ji}), u(e^{kj}, e^{-ji})\right) \end{array}\right. CP$$

Так как единичные глюонные поля являются неизвестными для двух одинаковых систем линейных уравнений, то в результате имеем равенство

$m(e^{-kj})c^2 = m(e^{kj})c^2$

$m(e^{ji})c^2 = m(e^{-ji})c^2$

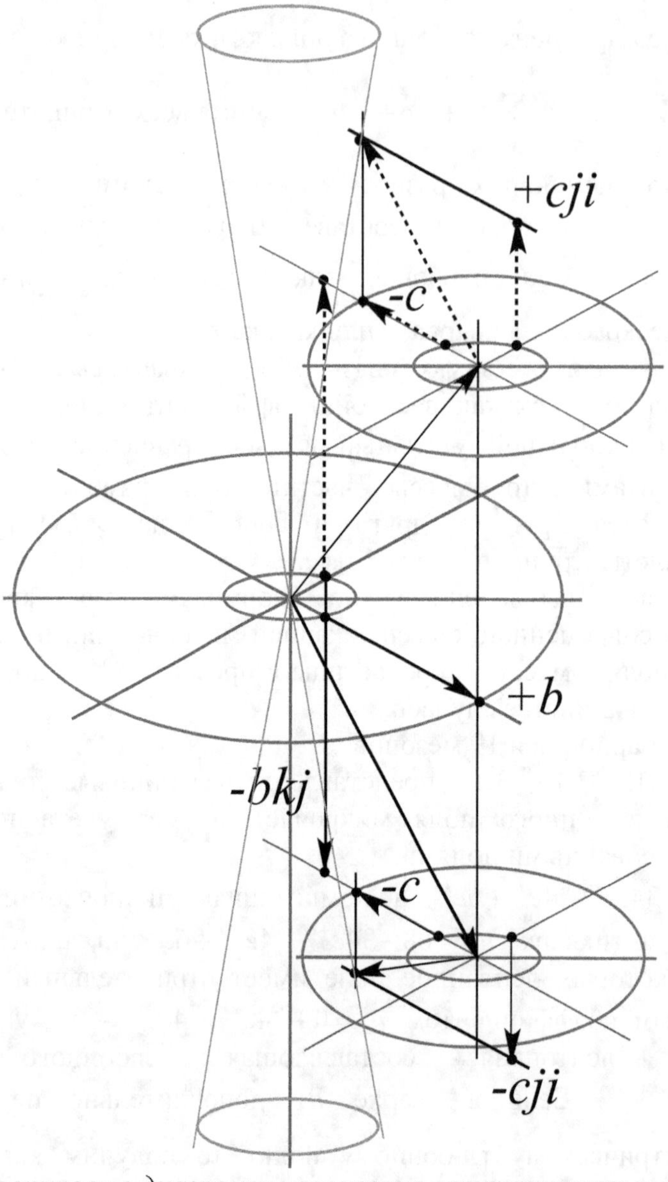

Рис 3.14. Изоспиновые диаграммы сложения электрических и лептонных составляющих глюонного поля микрочастицы

$g\Psi = a + be^{-kj} - ce^{ji} + de^{ki}$ *при b>0,C>0.*

Диаграмма для античастицы будет для этого случая соответствовать рис 3.17. На диаграмме представлено два варианта сложения составляющих глюонных полей сопряженных по знаку, без изменения знака весовых коэффициентов (С-вариант). Рис 3.17 представляет СР вариант.

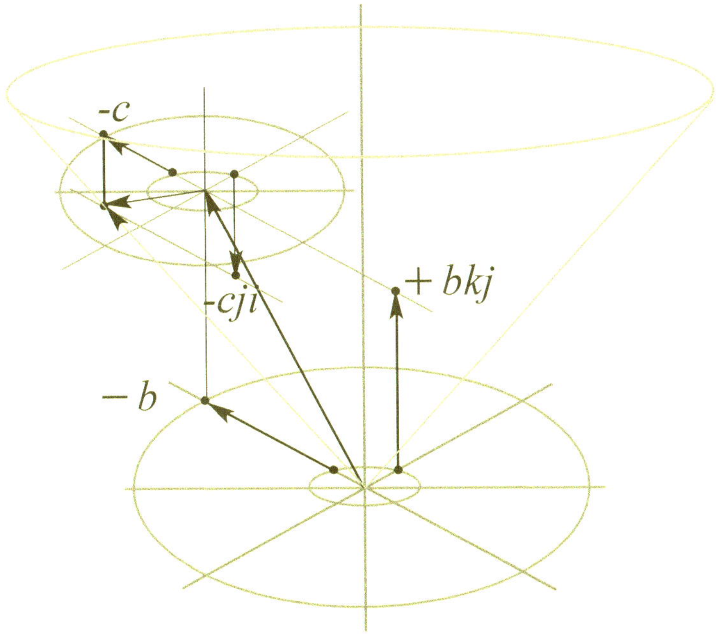

Рис 3.15. Изоспиновые диаграммы сложения электрических и лептонных полей для глюонного поля $g\Psi = a - be^{-kj} - ce^{ji} + de^{ki}$ *при b>0, C>0 Диаграммой для античастицы для этого варианта будет рис 3.16 (СР-вариант).*

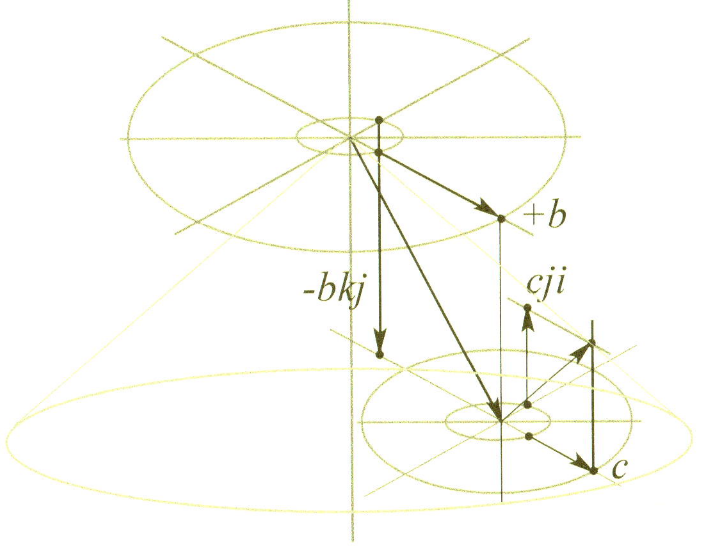

Рис 3.16. Изоспиновая диаграмма сожения электрических и лептонных полей глюонного поля $g\Psi = a + be^{-kj} + ce^{ji} + de^{ki}$ *(при b>0,C>0).*

Обозначим выявленную симметрию за W. Таким образом, в вычисления масс частиц и их глюонных полей заложены три симметрии. Симметрия С (операция зарядового сопряжения) ,симметрия Р (зеркальное отражение), симметрия W (независимость энергии единичного вихря от его заряда). Вычисления показали, что эти симметрии согласуются с СРТ -теоремой Людерса-Паули. Следствием теоремы СРТ является равенство масс, спина и времени жизни для частиц и античастиц. Так как, вычисление масс частиц идет через глюонные поля, выраженные через единичные вихри и коэффициенты, то симметрия W является необходимым условием для выполнения равенства масс частиц и античастиц.

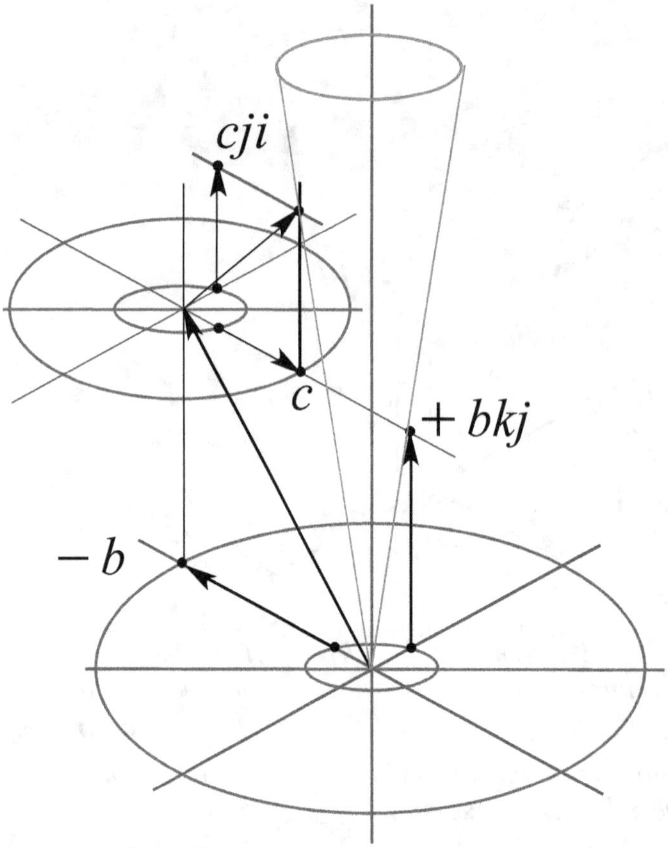

Рис 3.17. Изоспиновая диаграмма сложения электрического и лептонного поля микрочастицы $g\Psi = a - be^{-kj} + ce^{ji} + de^{ki}$ *(при b>0,c>0).*

В силу предложенной структуры кварков, антикварков частиц и античастиц как кварковых композиций теорема CPW является реализацией CPT теоремы на более детальном уровне. Изменение заряда (операция C-сопряжения) единичного вихря в глюонном поле вызывает изменение знака весового коэффициента (P-инверсию) и величину первого (как мы его называем вещественного) коэффициента. Применив дополнительно W -симметрию переводим частицу в античастицу с соблюдением квантовых чисел и величин масс.

Например $CPW(\pi^+) = \pi^-, CPW(\pi^-) = \pi^+$

Нейтральный пион π^0 согласно классификации имеет кварковую композицию

$\pi^0 = uu^q \approx dd^q$. В весовых коэффициентах глюонное поле нейтрального пиона имеет вид

$g\pi^0(134.96) = 60 + 0 + 0 + 12e^{ki}$. Вычисления дают массу $m_{\pi^0(134.96)}c^2 = 139.677$ Мэв. Расхождение составляет 3,496%. Расхождение довольно низкое, однако его можно откорректировать за счет первого члена глюонного поля

$g\pi^0(134.96) = 57 + 0 + 0 + 12e^{ki}$. Вычисления дают массу

$m_{\pi^0(134.96)}c^2 = 135.499$ Мэв. Расхождение составляет 0,4%. Однако, если учесть значение изоспина нейтрального пиона, то его коррекцию необходимо произвести по второму члену глюонного поля

$g\pi^0(134.96) = 60 - 1 * e^{-kj} + 0 + 12e^{ki}$. Вычисления дают массу частицы $m_{\pi^0(134.96)}c^2 = 134.7299$ Мэв. Расхождение составляет 0,17%. Глюонное поле нейтрона принимаем в последней корректировке, ибо оно дает спин

$s = 0$, ввиду отсутствия лептонного глюонного поля, и изоспин $J_{\pi^0} = 1$, ввиду наличия электрической составляющей глюонного поля.

Глюонное поле положительного пиона входило в систему расчета единичных зарядовых глюонных полей, поэтому необходимо принять и зависимость квантовых чисел от величин весовых коэффициентов. $g\pi^+(139.5673) = 65 - 3e^{-kj} - 2e^{ji} + 12e^{ki}$.

$g\pi^-(139.5673) = 55 + 3e^{-kj} + 2e^{ji} + 12e^{ki}$. Вычисления дают массу пиона $m_{\pi^-(139.5673)}c^2 = 140.22$ Мэв. Расхождение составляет 0,462%. Расхождение с массой положительного пиона составляет 0,492%. Величина глюонного поля $\pm 2e^{\pm ji}$ дает изменение массы микрочастицы

0,099Мэв, $\pm e^{\pm kj}$ дает изменение массы частицы 0.045Мэв. Эти величины соизмеримы с технической точностью измерения масс микрочастиц. Для вывода о величине спина или изоспина также могут не учитываться. Поэтому спин пионов принят равным нулю, изоспин единице. Продемонстрируем выполнение CPW -теоремы.

$$C(\pi^-) = C(55 + 3e^{-kj} + 2e^{ji} + 12e^{ki}) = 55 + 3 - 3kj + 3 - 3 + 2 + 2ji + 12e^{ki} =$$

$$= 65 - 3e^{kj} - 2e^{-ji} + 12e^{ki}$$

Применим W симметрию.

$$CPW(\pi^-) = W(65 - 3e^{kj} - 2e^{-ji} + 12e^{ki}) =$$

$$= 65 - 3e^{-kj} - 2e^{ji} + 12e^{ki} = \pi^+$$

Далее рассмотрим мезоны.

Микрочастица $\eta(547)$ имеет глюонное поле, которое отвечает кварковой композиции $\eta = uu^q + dd^q$, $g\eta(547) = 114 + 24e^{ki}$, это дает массу $m_{\eta(547)}c^2 = 543.3$ Мэв

Расхождение составляет 0.05%. (для вычисления глюонного поля принято глюонное поле нейтрального пиона с корректировкой первого члена, для определенности формулировки спина и изоспина микрочастиц). Спин и изоспин частицы η равны 0, частица имеет отрицательную четность. $0^-(0)$.

Микрочастица $\eta^/(958)$ имеет кварковую композицию $ss^q = (u + u^q) + d + (u + u^q) + d^q = 3\pi^0$. Глюонное поле выразится в виде $g\eta^/ = 171 + 36e^{ki}$. Вычисления дают массу микрочастицы $m_{\eta^/(958)} = 1222.5$ Мэв.

Расхождение составляет 27%. Однако спин и изоспин соответствуют экспериментальным $0^-(0)$. В дальнейшем массу можно откорректировать по моде распада.

Глюонное поле микрочастицы $\rho^+(770)$ определяется кварковой композицией ud^q, однако кварк u должен быть заменен на кварк $u1 = 0 + 34e^{-kj} - 4e^{ji} + 6e^{ki}$,где осуществлен поворот лептонного поля, а кварк d заменить на кварк $d1 = -1 + 37e^{-kj} - 6e^{ji} + 6e^{ki}$. Таким образом, будем иметь

$g\rho^{+}(770) = -1 + 71e^{-kj} - 10e^{ji} + 12e^{ki}$, Вычисление массы дает $m_{\rho^{+}(770)}c^2 = 613.14$ Мэв. Расхождение составляет 26%.

Изотопическая диаграмма соответствует рис (TODO) при положительной четности, квантовые числа равны $1^{+}(1)$.

Микрочастица $\varpi(782)$ имеет кварковую композицию $uu^q + dd^q$, которая дает моду распада $\varpi = \pi^{+} + \pi^{-} + \pi^{0}$. В весовых коэффициентах глюонное поле имеет вид $g\varpi(782) = 140 + 0 - 20e^{ji} + 24e^{ki}$. Вычисления дают массу частицы $m_{\varpi(782)}c^2 = 778.35$ Мэв. Расхождение составляет 0.5%.

Глюонное поле включает поворот лептонного поля в кварке u и лептонного поля в кварке d.

Квантовые числа равны $1^{-}(0)$.

Микрочастица $\varphi(1020)$ имеет кварковую композицию ss^q, которая дает моду распала

$$\varphi(1020) = (u + u^q) + d + (u + u^q) + d^q = u^q d + d^q u + uu^q = \pi^{+} + \pi^{-} + \pi^{0}$$

В точном соответствии с модой распада. Кварковая композиция дает возможность вычисления весовых коэффициентов глюонного поля частицы, которые должны учитывать квантовые числа микрочастицы $1^{-}(0)$. Таким образом, необходимо кварк d^q заменить на кварк $d^q 1 = 61 - 37e^{-kj} + 6e^{ji} + 6e^{ki}$, в котором лептонная составляющая глюонного поля повернута на 180гр. и поэтому в кварковой композиции микрочастицы аннигилирует. Так, что глюонное поле микрочастицы равно $g\varphi(1020) = 168 + 0 + 12e^{ji} + 36e^{ki}$. Это дает массу микрочастицы $m_{\varphi(1020)}c^2 = 1079$ Мэв. Расхождение составляет 5.8%. Квантовые числа соответствуют экспериментальным. Спин равен $s = \frac{1}{2}\frac{12}{6} = 1$. Изоспин равен $J = \frac{0 + 1 - 1}{2} = 0$.

Далее по разработанной схеме вычислим массу микрочастиц

$$D^{\pm}(1869), D^{0}, \overline{D}^{0}(1865), D_s^{\pm}(1969)$$

Моды распада точно не зафиксированы. Рассмотрим для примера распад

$$D_s^{+} = cs^q = 2(u + u^q) + u + (u + u^q) + d^q = 2\pi^{0} + \pi^{0} + \pi^{+} = 2\pi^{0} + K^{+}$$

в точном соответствии с модой распада. Глюонное поле вычисляется по выражению $gD_s^{+}(1969) = 247 - 3e^{-kj} - 2e^{ji} + 48e^{ki}$. Вычисленная масса микрочастицы равна $m_{D_s^{+}(1969)}c^2 = 2190$ Мэв. Расхождение составляет 11.1%. Спин равен нулю вследствии малости весового коэффициента перед лептонной составляющей. Изоспин равен нулю вследствии малости удельного веса в массе элекирической составляющей глюонного поля, а также противоположных знаков зарядов c, s^q. В точном соответствии сэкспериментальными данными.

Аналогично имеем

$$\overline{D}^{0}(1865) = uc^q = u + 2(u + u^q) + u^q = 3(u + u^q) \Rightarrow 171 + 0 + 0 + 36e^{ki}$$

Такая комбинация глюонного поля дает массу частицы $m_{\overline{D}^{0}(1865)}c^2 = 1219.5$ Мэв.

Расхождение составляет 35%, так как имеем несоответствие с квантовыми числами частицы.

Глюонное поле частицы определим при замене кварка u^q на кварк $u^q1 = 0 + 34e^{-kj} - 4e^{ji} + 36e^{ki}$ в одном из нейтральных пионов. Тогда суммарное глюонное поле будет отвечать квантовым числам частицы $g\overline{D}^0 = 120 + 68e^{-kj} + 0 + 36e^{ki}$. Вычисление массы дает величину $m_{\overline{D}^0(1965)}c^2 = 2139.42$ Мэв. Расхождение равно 9%. Спин равен нулю, так как весовой коэффициент глюонного поля равен нулю. Изоспин равен $J = \frac{68/34}{2} - \frac{1}{2} = 1/2$. Формула расчета дает точное соответствие экспериментальным данным.

$$D^+(1869) \Rightarrow cd^q = 2(u + u^q) + u + d^q \Rightarrow 120 + 24e^{ki} + (u = -8 +$$

$$+ 34e^{-kj} + 4e^{ji} + 6e^{ki}) + (d^q1 = -1 + 37e^{-kj} - 6e^{ji} + 6e^{ki}) =$$

$$= 111 + 71e^{-kj} - 2e^{ji} + 36e^{ki}$$

Это глюонное поле соответствует квантовым числам и дает массу микрочастицы

$m_{D^+(1869)}c^2 = 2144.73$ Мэв. Расхождение составляет 14,7%. Глюонное поле имеет спиновую составляющую, удельный вес которой равен 0,099Мэв, и значительно ниже точности измерения массы самой частицы $m_{D^+}c^2 = 1869 \pm 0.6$ Мэв. Это дает основание не учитывать влияние этой величины. Изоспин равен $J = \frac{1}{2}\frac{71}{34} - \frac{1}{2} = 1/2.$

Если кварк d^q1 заменить на кварк $d^q2 = -13 + 37e^{-kj} + 6e^{ji} + 6e^{ki}$, получим $gD^+ = 93 + 71e^{-kj} + 10e^{ji} + 36e^{ki}$. Вычисление массы микрочастицы дает величину $m_{D^+}c^2 = 1910.04$ Мэв. Расхождение составляет 2.2%. Однако это барион по своим квантовым числам $1/2^+(1/2)$. Это резонанс $\Xi(1820), \Xi(2030)$. Расхождение для которых по массе составит соответственно $\pm 0.5\%$.

Таким образом, вычисления показывают зависимость квантовых чисел микрочастиц и их масс от структуры глюонного поля и принадлежности этих частиц по классификации на мезоны, барионы и так далее.

Каоны.

Кварковые композиции каонов $K^+(493.667) = us^q, K^-(493.667) = su^q$ при замене кварка S на кварк $s = (u + u^q) + d$, дают следующие моды распада

$$K^+ \Rightarrow us^q = u + (u + u^q) + d^q = ud^q + uu^q = \pi^+ + \pi^0$$

$$K^- \Rightarrow su^q = (u + u^q) + d + u^q = uu^q + du^q = \pi^0 + \pi^-$$

в полном соответствии с экспериментальными модами распада.

Кварковые композиции дают выражения для суммарных глюонных полей. Для

$$u = -8 + 34e^{-kj} + 4e^{ji} + 6e^{ki} +$$

$$d^q = 73 - 37e^{-kj} - 6e^{ji} + 6e^{ki} +$$

$$\pi^0 = 60 - e^{-kj} + 0 + 12e^{ki} = gK^+ = 125 - 4e^{-kj} - 2e^{ji} + 24e^{ki}$$

Этому глюонному полю соответствует масса частицы $m_{K^+(494)}c^2 = 547.709$ Мэв. Расхождение составляет 10.9%.

Для K^- имеем

$u^q = 68 - 34e^{-kj} - 4e^{ji} + 6e^{ki} +$

$d = -13 + 37e^{-kj} + 6e^{ji} + 6e^{ki} +$

$\pi^0 = 60 - e^{-kj} + 0 + 12e^{ki} =$

$= gK^- = 115 + 2e^{-kj} + 2e^{ji} + 24e^{ki}$

Это глюонное поле соответствует массе $m_{K^-(494)}c^2 = 549.83$ Мэв. Расхождение составляет 11.4%. Расхождение между вычислениями масс отрицательного и положительного каона составляет 0.38%.

Вычисления глюонных полей показывают, что если в кварках u^q, d произвести замену знаков электрического и лептонного глюонного поля то есть применить теорему $CPW(u^q d) = d^q u$. Эта операция произойдет внутри микрочастицы. В этом случае массы микрочастиц совпадут, та как глюонное поле будет выражаться для них одинакого.

Глюонное поле лептонного и электрического заряда малы. Поэтому величина изоспина зависит только от заряда кварка S, так что микрочастицы имеют квантовые числа $0^-(\pm 1/2)$.

Кварковая композиция нейтрального каона $K^0(497.67) = ds^q$. Эта композиция дает 2-х пионную моду распада и трех пионную. Исследуем этот экспериментальный факт $ds^q = d + (u + u^q) + d^q = \pi^0 + \pi^0 \approx \pi^+ + \pi^-$. Эта мода распада закреплена за K_s^0. Глюонное поле равно $gK_s^0 = 120 - 2e^{-kj} + 0 + 24e^{ki}$. Вычисление массы дает величину $m_{K_s^0(498)}c^2 = 538.92$ Мэв. Расхождение с экспериментальной массой составляет 8.3%.

При образовании нейтрального пиона глюонные поля лептонного и электрического заряда аннигелируют на величину глюонного поля равную

$gQ = 69e^{-kj} + 8e^{ji}$, что по массе составляет 177.65Мэв. Величина превышающая массу нейтрального пиона. В связи сэтим поворот одновременно электрического и лептонного полей в нейтральном пионе вызовет изменение массы частицы и ее квантовых чисел до величин

$1/2^+(1/2)$. Глюонное поле будет равно $gXZ = 60 + 69e^{-kj} + 8e^{ji} + 12e^{ki}$

Это дает массу частицы равную 764.29Мэв. Этой массе и квантовым числам отвечает

$\rho^\pm(770)$- мезон. При кварковой комбинации dd^q глюонное поле аннигилирует на величину

$gQ = 75e^{-kj} + 12e^{ji}$. Эта величина в микрочастице дает увеличение массы и превращение нейтрального пиона в другую частицу с глюонным полем

$gXZ = 60 + 75e^{-kj} - 12e^{ji} + 12e^{ki}$, которое дает массу 872.66Мэв. Эта величина и квантовые числа соответствуют частице $K^*(892)$.

Так как каон может иметь две такие коррекции, то его глюонное поле можно представить в виде $gK_l^0 = 120 - 6e^{-kj} - 4e^{ji} + 24e^{ki}$, которая определяет массу $m_{K_l^0(498)}c^2 = 528.91$ Мэв. Расхождение составляет 6.2%.

Так как, величина энергии аннигиляции соизмерима с энергией нейтрального пиона, то при образовании нейтрального каона возможен вариант глюонного поля в виде $gK_l^0(498) = 180 - 69e^{-kj} - 8e^{ji} + 36e^{ki}$, что дает массу частицы $m_{K_l^0(498)}c^2 = 490.24$ Мэв. Расхождение составляет 1.5%.

Квантовые числа этой частицы равны $1/2^+(1/2)$. В физике микрочастиц распад каона на два пиона и на три пиона вырос в проблему нарушения четности. Вычисления показывают, что это обычный процесс происходящий при взаимодействии полей при образовании микрочастиц.

Кварковая композиция положительного каона K^+ дает следующее выражение для вычисления глюонного поля микрочастицы $K^+ = us^q$, но по введенной системе $s^q = (u + u^q) + d^q$, поэтому используя выражения для кварков из 9.5 будем иметь $m(\Psi_g^{K^+}) = 135 - 3e^{-kj} - 2e^{ji} + 24e^{ki}$. Расчет массы для этого глюонного поля дает величину 586Мэв, которая отличается от экспериментальной 494Мэв на 18%.

Глюонное поле положительного каона можно откорректировать за счет спина кварка $d^q = 73 - 37e^{-kj} - 6e^{ji} + 6e^{ki}$ заменив его на кварк $d^q = 73 - 37e^{-kj} - 6 - 6ji - 6 + 6 + 6e^{ki} = 61 - 37e^{-kj} + 6e^{-ji} + 6e^{ki} = d_2^q$

Тогда глюонное поле кварка выразится в виде $m(\Psi_g^{K^+}) = 113 - 3e^{-kj} + 4e^{ji} + 6e^{ki}$. Вычисление массы для этого глюонного поля дает величину 482.23Мэв. Расхождение с экспериментальной массой составляет 2.4%.

Изменение величины весового коэффициента возможно в следствии равенства масс единичного лептонного глюонного вихря разных зарядов.

Отрицательный каон имеет кварковую композицию $K^- = su^q = (u + u^q) + d + u^q$

Глюонное поле через весовые коэффициенты выразится в виде $m(\Psi_g^{K^-}) = 115 + 3e^{-kj} + 2e^{ji} + 24e^{ki}$. Для этой композизиции глюонного поля масса микрочастицы равна 559.78Мэв и отличается от экспериментальной массы на 13%.

Здесь также возможна корректировка глюонного поля за счет спина кварка $u^q = 68 - 34e^{-kj} - 4e^{ji} + 6e^{ki}$, заменив его кварком

$$u_2^q = 68 - 34e^{-kj} - 4 - 4ji + 4 - 4 + 6e^{ki} = 60 - 34e^{-kj} + 4e^{-ji} + 6e^{ki}.$$

При такой замене будем иметь глюонное поле $m(\Psi_g^{K^-}) = 107 + 3e^{-kj} + 10e^{ji} + 24e^{ki}$, которое даст массу частицы 480.85Мэв и расхождение с экспериментальной величиной 2.7%.

Нейтральный каон имеет кварковую комбинацию $K^0 = ds^q = d + (u + u^q) + d^q$ Эта комбинация соответствует комбинации весовых коэффициентов двух нейтральных пионов, что соответствует и моде распада нейтрального каона $K^0 \Rightarrow \pi^0 + \pi^0$

Таким образом, глюонное поле имеет вид $m(\Psi_g^{K^0}) = 120 + 24e^{ki}$,вычисления по которому дают массу микрочастицы 558.71Мэв, которая отличается от экспериментальной массы равной 498Мэв на 12%.

Возможен вариант рассмотрения глюонного поля нейтрального каона как полу суммы глюонных масс положительного и отрицательного каонов $m(\Psi_g^{K^0}) = m(\Psi_g^{(k^+ + k^-)/2}) = 110 + 7e^{ji} + 24e^{ki}$, что соответствует массе 481.54Мэв и расхождение составляет 4.3%.

Из кварковой композиции микрочастицы $\eta = uu^q + dd^q$ имеем весовые коэффициенты глюонного поля и самого поля в виде $m(\Psi_g^{\eta}) = 120 + 24e^{ki}$

Имеем массу микрочастицы $m_\eta c^2 = 560.08$ Мэв. Экспериментальная масса равна 547Мэв. Расхождение составляет 2.4%.

Далее рассмотрим частицу D^0, D^+, D^- кварковые композиции соответственно имеют вид $D^0 = cc^q, D^+ = cd^q, D^- = dc^q$ На этой композиции проверяется введенная систематизация кварков, по которой $c = 2(u + u^q) + u$, тогда подтверждаются экспериментальные моды распада частиц $D^+ \Rightarrow cd^q \Rightarrow 2(u + u^q) + u + d^q \Rightarrow 2\pi^0 + \pi^+$, а также второй вариант $D^+ \Rightarrow (u + u^q) + u + d^q + (u + u^q) \Rightarrow K^+ + \pi^0$

Конкретные моды распада для этимх частиц не установлены. Энергетический расчет дает вариант $D^+ \Rightarrow K^+ + \pi^0 + \pi^0$ Масса глюонного поля такого распада будет соответствовать $m(\Psi_g^{D^+}) = 227 - 3e^{-kj} + 4e^{ji} + 48e^{ki}$ Вычисление массы дает величину $m_{D^+}c^2 = 2137.96$ Мэв.

Аналогично обстоят дела и сдругими видами микрочастиц этой серии. Расхождение расчетов составляет от 8 до 14%.

Система $cc^q = 2(u + u^q) + u + 2(u + u^q) + u^q = 5(u + u^q)$ отвечает кварковой композиции микрочастицы J/Ψ с массой 3097Мэв. Откорректированное глюонное поле по нейтральному пиону дает $m(\Psi_g^{J/\psi}) = 285 + 60e^{ki}$. Вычисления дают массу частицы $m_{j/\psi}c^2 = 3387.51$ Мэв против экспериментальной величины 3097Мэв. Расхождение составляет 9.4%.

Мезон с массой 9460Мэв имеет кварковую композицию $\gamma = bb^q$. Замена кварка $b = 4(u + u^q) + u$ (введено в классификацию кварков), дает глюонное поле в виде $m(\Psi_g^{\gamma}) = 9(u + u^q)$. Вычисление массы кварка дает значение $m_\gamma c^2 = 10975$ Мэв.

Моды распада частицы В не приводятся конкретно. Кварковая композиция показывает, что аннигиляция внутри системы $(u + u^q)$ создает поле частицы как $7\pi^0$. Так, что глюонное поле микрочастицы $m(\Psi_g^{B^+}) = 399 + 72e^{ki}$. Вычисление массы дает величину $m_{B^+}c^2 = 5376$ Мэв. Экспериментальная масса равна 5279Мэв. Расхождение составляет 2%.

λ_0-Гиперон имеет кварковую композицию $\lambda_0 \Rightarrow uds$. Замена кварка s его композицией $s = (u + u^q) + d$ дает кварковую композицию Гиперона, которая объясняет моду распада $\lambda_0 = u + d + (u + u^q) + d = udd + uu^q = n^0 + \pi^0$. Замена кварков на их комбинации из единичных глюонных полей и весовых коэффициентов дает выражение для суммарного глюонного поля гиперона

$$g\lambda_0 = u = -8 + 34e^{-kj} + 4e^{ji} + 6e^{ki} +$$
$$+ d = -13 + 37e^{-kj} + 6e^{ji} + 6e^{ki} +$$
$$+ d = -13 + 37e^{-kj} + 6e^{ji} + 6e^{ki} +$$
$$+ (u + u^q) = 60 + 0 + 0 + 12e^{ki} =$$
$$= 26 + 108e^{-kj} + 16e^{ji} + 30e^{ki}$$

Это глюонное поле гиперона соответствует массе $m_{\lambda_0} c^2 = 1804.54$ Мэв. Эта величина отличается от экспериментальной равной 1115.6Мэв на 52%. В связи с этим произведем две коррекции кварка u на кварк $u1 = 0 + 34e^{-kj} - 4e^{-ji} + 6e^{ki}$ повернув лептонную составляющую и кварка d на кварк $d1 = 73 - 37e^{kj} - 6e^{-ji} + 6e^{ki}$. В кварке были проведены повороты глюонных полей электрического и лептонного. В результате получаем выражение $g\lambda_0 = 120 + 34e^{-kj} - 4e^{ji} + 30e^{ki}$.

Это выражение дает массу гиперона равную $m_{\lambda_0} c^2 = 1265.49$ Мэв. Расхождение с экспериментальной массой составляет 13.4%.

Если оставить только корректировку кварка d, то получим $g\lambda_0 = 112 + 34e^{-kj} + 4e^{ji} + 30e^{ki}$ и массу микрочастицы $m_{\lambda_0} c^2 = 1177.7$ Мэв.

Расхождение составляет 5.5%.

Откорректируем дополнительно глюонное гиреолна по весовому коэффициенту электрической составляющей $g\lambda_0 = 112 + 33e^{-kj} + 4e^{ji} + 30e^{ki}$. Это дает массу гиперона $m_{\lambda_0} c^2 = 1131.058$ Мэв. Экспериментальная масса равна 1115.6Мэв. Расхождение составляет 1.34%.

Кварковая композиция uds имеет еще две микрочастицы $\Sigma^0(1193), \Sigma^0(1384)$

Для первой микрочастицы подходит глюонное поле с кварками $u1, d1$, которое дает суммарное глюонное поле $g\Sigma^0(1193) = 120 + 33e^{-kj} - 4e^{ji} + 30e^{ki}$, это дает массу $m_{\Sigma^0} c^2 = 1250.507$ Мэв. Расхождение составляет 4.82%.

Для вычисления массы второй микрочастицы проведем дополнительно поворот глюонного поля во втором кварке d и получим $d2 = -1 + 37e^{-kj} - 6e^{ji} + 6e^{ki}$, суммарное глюонное поле будеи иметь вид $g\Sigma^0(1384) = 132 + 33e^{-kj} - 16e^{ji} + 30e^{ki}$. Это дает массу $m_{\Sigma^0(1384)} = 1440.9$ Мэв. Расхождение составляет 4%.

На рис 3.16, 3.17, 3.18 представлены диаграммы составляющих суммарное глюонное поле электрического и лептонного поля соответственно $\lambda_0(1116), \Sigma^0(1193), \Sigma^0(1383)$. Эти диаграммы назовем спин-изотопическими, та как они раскрывают зависимость квантовых чисел микрочастиц от электрического и лептонного поля частицы. Спин частицы определяется наличием лептонной составляющей глюонного поля, причем величина спина для кварковой композиции барионов из трех кварков определяется поворотом этой составляющей в каждом кварке: при одном и двух поворотов $s = 1/2$. Если поворот происходит в каждом из трех кварков, спин равен $s = 3/2$. Таким образом, $\lambda_0(1116)$ имеет $s = 1/2$, $\Sigma^0(1193)$ имеет спин $s = 1/2$, $\Sigma^0(1383)$ имет $s = 3/2$. Становится очевидным отсутствие $s = 1$.

Изоспин микрочастиц определяется взаимным расположением электрического и глюонного поля. Согласно диаграмме для $\lambda_0(1116)$ изоспин равен $J=0$, для этой диаграммы проекции электрического и лептонного глюонного поля вычитаются. Для микрочастиц

$\Sigma^0(1193),\Sigma^0(1383)$ диаграммы дают $J=1$. Положительная четность для барионов определяется наличием в суммарном глюонном поле обоих составляющих.

Кварковая композиция uus отвечает двум микрочастицам с разными массами и квантовыми числами: $\Sigma^+(1189),\Sigma^+(1385)$, для первой имеем спин четность и изоспин $1/2^+(1)$ и второй $3/2^+(1)$.

Согласно кварковой композиции и введенному значению кварка $s=(u+u^q)+d$, композиция дает $\Sigma^+(1189)=u+u+(u+u^q)+d=p^+ + \pi^0$

В соответствии с модой распада. Квантовые числа определяют поворот лептонного и глюонного поля в кварке u и заменой его на кварк $u1=68-34e^{-kj}-4e^{ji}+6e^{ki}$ а также поворот глюонного лептонного поля во втором кварке u с заменой его на кварк $u2=0+34e^{-kj}-4e^{ji}+6e^{ki}$. Подставляя кварки в композицию получим суммарное глюонное поле $g\Sigma^+(1189)=115+36e^{-kj}-2e^{ji}+30e^{ki}$, которое дает массу $m_{\Sigma^+(1189)}c^2=1252.1$ Мэв. Расхождение составляет 5,3%.

Замена кварка d на кварк $d1=-1+37e^{-kj}-6e^{ji}+6e^{ki}$ дает сумму глюонного поля для

$$u1=68-e^{-kj}-4e^{ji}+6e^{ki}+$$

$$u2=0+34e^{-kj}-4e^{ji}+6e^{ki}+$$

$$\pi^0=60-e^{-kj}+e^{ji}+12e^{ki}+$$

$$d1=-1+37e^{-kj}-6e^{ji}+6e^{ki}=$$

$$=127-36e^{-kj}-14e^{ji}+30e^{ki}$$

Это глюонное поле отвечает массе микрочастицы $m_{\Sigma^+(1385)}c^2=1442.64$ Мэв. Расхождение составляет 4.2%.

Изоспиновые диаграммы соответствуют квантовым числам и рис 3.14 и 3.17.

Далее рассмотрим композицию dds, которая представлена двумя микрочастицами $\Sigma^-(1197),\Sigma^-(1387)$ с квантовыми числами $1/2^+(1),3/2^+(1)$

Рассмотрим соответствие моде распада $dds=d+d+(u+u^q)+d=ddu+u^qd=n^0+\pi^-$

Квантовые числа требуют одного поворота лептонного поля и одного поворота электрического поля в кварке d для микрочастицы $\Sigma^-(1197)$. Для микрочастицы $\Sigma^-(1387)$ имеем один поворот электрического поля и три поворота глюонного поля.

Глюонные поля для частиц соответствен но выразятся $g\Sigma^-(1197)=107+36e^{-kj}+6e^{ji}+30e^{ki}$, которое определяет массу $m_{\Sigma^-(1197)}c^2=1130.22$ Мэв, расхождение составляет 5.4%.

$g\Sigma^-(1383) = 134 + 36e^{-kj} - 18e^{jl} + 30e^{kl}$, которое в свою очередь определяет массу микрочастицы $m_{\Sigma^-(1383)}c^2 = 1506.6$ Мэв. Расхождение составляет 8.6%.

Изоспинорные диаграммы совпадают с предыдущими и соответствуют квантовым числам микрочастиц.

Кварковая композиция uss представлена двумя микрочастицами $\Xi^0(1315), \Xi^0(1530)$ с квантовыми числами $1/2^+(1/2), 3/2^+(1/2)$

Моды распада совпадают с экспериментальными модами $uss = u + 2(u + u^q) + 2d = udd + 2(u + u^q) = n^0 + 2\pi^0 \approx \pi^0 + \lambda^0(p^+\pi^-)$. Замена кварка u на кварк $u1 = 68 - 34e^{-kj} - 4e^{jl} + 6e^{kl}$, а также кварка d на кварк $d2 = 73 - 37e^{-kj} - 6e^{jl} + 6e^{kl}$ дает суммарное поле $g\Xi^0(1315) = 248 - 36e^{-kj} - 4e^{jl} + 42e^{kl}$ и массу микрочастицы $m_{\Xi^0(1315)}c^2 = 1342.95$ Мэв. Расхождение составляет 2.1%.

Глюонное поле второй микрочастицы имеет поворот лептонного поля и в третьем кварке $g\Xi^0(1532) = 262 - 36e^{-kj} - 16e^{jl} + 42e^{kl}$, которое определяет массу частицы $m_{\Xi^0(1532)}c^2 = 1549.36$ Мэв. Расхождение составляет 1.13%.

Изоспиновая диаграмма для этих частиц представлена на рис 3.15. Глюонное лептонное поле вычитается из электрического глюонного поля, что приводит к уменьшению величины изоспина. Аналогичная диаграмма и для второй микрочастицы, с увеличенными проекциями лептонного поля. В соответствии с диаграммой имеем полное совпадение в квантовых числах с экспериментальными. Для микрочастиц $\Xi^-(1321), \Xi^-(1530)$ с квантовыми числами $1/2^+(1/2), 3/2^+(1/2)$ имеем

$$dss = d + 2(u + u^q) + 2d = ddu + (u + u^q) + du^q = n^0 + \pi^0 + \pi^- = \Xi^- + \pi^0 \approx \lambda^0 + \pi^-$$

Таким образом имеем четкое соответствие между последовательными модами распада.

$$g\Xi^-(1321) = 247 - 39e^{-kj} - 6e^{jl} + 42e^{kl},\ m_{\Xi^-(1321)}c^2 = 1341.28 \text{ Мэв.}$$

$$g\Xi^-(1530) = 265 - 39e^{-kj} - 18e^{jl} + 42e^{kl},\ m_{\Xi^-(1530)}c^2 = 1538.24 \text{ Мэв.}$$

В первом случае расхождение составляет 1.5%, во втором 0.2%.

Изоспиновая диаграмма соответствует предыдущему случаю. Квантовые числа совпадают.

Глава 4 представляет конкретные вычисления масс микрочастиц. Достоверность оценивается расхождением результатов вычислений с экспериментальными данными во всем диапазоне масс микрочастиц в пределах 0.2-8%. Вычисления основаны на современной кварковой классификации моделей микрочастиц и их глюонных полей. Считается, что в природе существует шесть сортов кварков т.е. субэлемнтарных частиц u, d, s, c, b, t, комбинируя которые в разных сочетаниях можно построить любой андрон. Вычисления показали, что кварковый уровень материи повторяет ее структуризацию в общем виде любого другого уровня. Кварки s, c, b, t не являются субэлементарными и представляют каждый композицию из кварков u, d, u^q, d^q. В этом случае кварковые композиции элементарных частиц дают моды распада соответствующие экспериментальным. Таким образом, современная кварковая классификация сведена к двум кваркам u, d и антикваркам u^q, d^q. Экзотические кварковые заряды есть ничто иное как количество скомпенсированных электронно-лептонных полей в суммарном глюонном поле кварка. Сопоставление квантовых чисел со структурой глюонного поля микрочапстицы, вычисленного на основе ее кварковой композиции, и массой частицы обосновали существование синглетов, дуплетов, триплетов и унитарных симметрий. (Последовательный ввод этих понятий в физику элементарных частиц есть вскрытие структуризации материи в гравитационно электромагитном комплексном пространстве. Это было отслежено при построении моделей в [2].).

Вычисления дают достоверный результат и следовательно подтверждают достоверность принятых симметрий, которые отвечают за фундаментальные свойства заряда быть положительным и отрицательным, за понятие спина, изоспина, четности и т.д.

Основные экспериментальные факты физики микрочастиц подтверждают связность гравитационно - комплексного пространства, установленную ТФКПП.

Моды распада микрочастиц, в кварковую композицию которых входят кварки s, c, b, t, подтверждают введенную структуру их кваркового состава.

$$s = (u + u^q) + d = \pi^0 + d$$

$$c = (u + u^q) + (d + d^q) + u = 2\pi^0 + u$$

$$b = (u + u^q) + (d + d^q) + (u + u^q) + d = 3\pi^0 + d$$

$$t = (u + u^q) + (d + d^q) + (u + u^q) + (d + d^q) + u = 4\pi^0 + u$$

Система может быть продолжена до бесконечности.

Кодировка зарядов по наименованию: странность, очарование, прелесть и т.д. соответствуют наличию в структуре микрочастицы количеству скомпенсированных электрических и лептонных полей: 1-заряд странности, 2-шарм, 3-прелесть и т.д.

Результаты вычислений масс микрочастиц, в кварковую композицию которых входят кварки

s, c, b, t дали высокую сходимость с экспериментальными данными. Глюонное поле микрочастицы имеет коэффициенты электрического и лептонного поля, представляющие комбинации весовых коэффициентов элетрической и лептонной составляющей исходных кварков u, d. Для трех кварковых композиций барионов весовые коэффициенты микрочастицы при деление на соответствующие весовые коэффициенты исходных кварков u, d дают целые кратные числа. (Отступление может корректироваться до целых кратных в обе стороны, ориентируясь на сходимость вычисления по массе).

В связи с этим спин вычисляется по формуле $s = \pm\frac{1}{2}\frac{c_1}{c}$

Изоспин по формуле $J = \frac{1}{2}\frac{b_1}{b} + \frac{1}{2}\sum_1^n Q_n$, где b_1-весовой коэффициент электрической составляющей поля микрочастицы, c_1- весовой коэффициент лептонной составляющей поля микрочастицы, b, c- весовые коэффициенты электрической и лептонной составляющей исходных кварков u, d, $\sum_1^n Q_n$ -сумма численных значений зарядов s, c, b, t.

Результаты вычислений масс микрочастиц дали высокую сходимость с экспериментальными данными при совпадении квантовых чисел, расчитываемых по этим формулам с экспериментальными значениями.

Таким образом, кварки s,c,b,t не являются субъэлементарными частицами, а являются композициями из двух кварков u,d .

Вычисления показали жесткую зависимость квантовых чисел частиц с ее массой. Таким образом, если заданы квантовые числа то можно вычислить массу частицы, если задана масса микрочастицы, то можно вычислить варианты квантовых чисел.

3.10 Расчет энергии связи атомных ядер периодической таблицы элементов и их изотопов, исходя из структуры глюонных полей протона и нейтрона.

Вывод формулы энергии связи атомных ядер ранее в [2] был проведен на основе модели ядер с циклонными барионными вихрями. Возникновение циклонных вихрей соответствует увеличению связности пространства ядерной материи. Связность пространства соответствует периодичности заложенной в таблице элементов Д.И. Менделеева. Количество изолированных вихрей в атомном ядре определяется соотношением $Z/(9-10)=P$, где Z-заряд атомного ядра, 9-10 - соответствуют периодичности возникновения рядов в таблице элементов.

Масса протона, нейтрона, размеры атомного ядра соответствовали экспериментальным данным. Структура протона, нейтрона не рассматривалась.

Основным условием для вывода формулы послужило замыкание ε-туннелей циклонных вихрей энергией обменного кванта или иначе полевой энергией взаимодействия протонов и нейтронов через эти циклонные туннели. Формула дала высокую сходимость результатов расчета с экспериментальными данными. Исследования устойчивости ядер и расчет мод распада и их высокая сходимость с экспериментальными данными подтвердили принятую модель ядерной материи как многосвязного пространства.

В данной главе произведено обоснование и расчет структуры глюонного поля микрочастиц, произведен расчет масс микрочастиц и их квантовых чисел. Результаты расчета хорошо согласуются с экспериментальными данными.

В связи с этим, открывается возможность вывода формулы энергии связи атомных ядер через известную структуру их составляющих – протона и нейтрона.

Полевая энергия протона (которую называем также обменным квантом, глюонным полем) количественно связана с энергией протона нейтрона и энергией фундаментальной массы по формуле

$$m_p c^2 = 2m_g c^2 - \sqrt{4(m_g c^2)^2 - (m_v^p c^2)^2}$$

$$m_n c^2 = 2m_n c^2 - \sqrt{4(m_n c^2)^2 - (m_v^n c^2)^2}$$

Фундаментальные масс $m_g c^2$ взаимодействия на расстоянии радиуса протона и соответственно нейтрона создают глюонные поля $m_v^p c^2, m_v^n c^2$, которые создают дефект масс, реализуемый в пространстве как протон и нейтрон.

Расчет ведется по приближенным формулам

$$m_p c^2 = \frac{1}{4}\frac{(m_v^p c^2)^2}{m_g c^2} \qquad 3.10.1.$$

$$m_n c^2 = \frac{1}{4}\frac{(m_v^n c^2)^2}{m_g c^2} \qquad 3.10.2.$$

Глюонные поля в главе 4 были разложены на сумму произведений единичных вихрей на весовые коэффициенты. Весовые коэффициенты были определены из кварковых композиций микрочастиц. Энергии единичных вихрей определены из системы уравнений. Имеем соответственно

$$m_v^p c^2 = g\Psi_{m_p} = -29 + 105e^{kj} + 14e^{ji} + 18e^{ki} \qquad 3.10.3.$$

$$m_v^n c^2 = g\Psi_{m_n} = -34 + 108e^{kj} + 16e^{ji} + 18e^{ki} \qquad 3.10.4.$$

При образовании атомного ядра как ядерной материи глюонные поля протона и нейтрона усредняются. Поэтому ядерный глюонный квант равен

$$m_v^\Sigma c^2 = g\Psi_{m_\Sigma} = -31.5 + 106.5e^{kj} + 15e^{ji} + 18e^{ki} \qquad 3.10.5.$$

Суммарная масса Z протонов и N нейтронов равна

$$\Sigma mc^2 = Zm_p c^2 + Nm_n c^2$$

В связанном состоянии в ядерной материи нуклон имеет массу

$$m_N c^2 = \frac{1}{4}\frac{(m_v^\Sigma c^2)^2}{m_g c^2} \qquad 3.10.6.$$

Таким образом, масса ядра состоящая из Z протонов и N нейтронов то есть из A нуклонов будет равна

$$Mc^2 = \frac{1}{4}A\frac{(m_v^\Sigma c^2)^2}{m_g c^2}, \qquad 3.10.7.$$

где $A = Z + N$

Энергия связи атомных ядер выразится следующей формулой

$$E = (Zm_p c^2 + Nm_n c^2) - \frac{1}{4}A\frac{(m_v^\Sigma c^2)^2}{m_g c^2} \qquad 3.10.8.$$

Величина глюонного поля ядерной материи определяется по формуле 9.5. Весовые коэффициенты определены по среднему значению весовых коэффициентов глюонного поля протона и нейтрона. В силу того, что единичные глюонные поля составляющих глюонных вихрей имеют разную энергию имеем неравенство, которое является физически принципиальным

$$m_v^\Sigma c^2 \neq \frac{1}{2}(m_v^p c^2 + m_v^n c^2)$$

В таблице представлен расчет энергий связей для ядер элементов периодической таблицы элементов и их изотопов. Расчет корректировался по изменению первого весового коэффициента в пределах $-31.5^{-0.75}_{+0.35}$. Колебания значений этого коэффициента нигде не вышли за пределы значений весового коэффициента протона и нейтрона

-29>(-31.13….-32.25)>-34. То есть колебание шло около среднего значения. При этом обменный квант колебался в пределах $67.48^{+0..07}_{-0.07}*10^{11}$ Мэв. Это значение меньше обменного кванта протона и нейтрона и меньше их среднего значения

$$\frac{1}{2}(m_v^p c^2 + m_v^n c^2) = \frac{67.527*10^{11} + 67.713*10^{11}}{2} = 67.67*10^{11} > 67.48^{\pm 0.07}*10^{11}$$

Максимальное расхождение результатов расчета по формуле с экспериментальными данными составляет меньше 0.2 процентов. В численном выражении это не превосходит 1Мэв для легких ядер и 2-3Мэв для тяжелых ядер.

Необходимо в заключении отметить следующее. Весовые коэффициенты протона и нейтрона насчитывались исходя и кварковых комбинаций. Весовые коэффициенты кварков рассчитывались их моделей микрочастиц, отражающих связность пространства микромира. В главе 4 рассмотрены два варианта связности пространства: двусвязное и шести связное пространство. Можно провести расчет для любой связности пространства 3,4,5,7,8,9,10,11,12 по числу рядов периодической таблицы элементов Д.И. Менделеева, причем каждое значение будет рассмотрено для элементов ряда и их изотопов.

ГЛАВА 4. МАТЕРИАЛИЗОВАННОЕ ПРОСТРАНСТВО

4.1. Фундаментальные физические константы

Основу реального мира можно сформулировать, исследуя предельный уровень материи, задаваемый постоянными $G,\hbar,C$. Постоянные $G,\hbar,C$ сосредоточили в себе все идеи математического естествознания. Физический смысл постоянных есть квинтенсеция всех физических и математических описаний реального мира.

Математические операции физических процессов требуют единства понятия сущности субстанций - точки - числа и времени с понятием материи. В стандартной физике существует разрыв в задании точки – числа в математике с точкой и числом, которые задаются при определении числового и физического пространства.

Точка - число выступает как одна предельная сущность предельных размеров - длин, задаваемых в кинематике с предельной точкой, определённой через $G,\hbar,C$. Предельный параметр, фиксирующий длину, через предельные линейные физические параметры определяется по формуле

$$L_g = \hbar^{1/2} G^{1/2} c^{-3/2}$$

Таким образом, предельный линейный размер материи есть предельный размер, определяемый комбинациями предельных параметров, есть предельный размер “ точки”. Линия в пространстве является в силу этого непрерывной и дискретной. Точка в пространстве характеризует протяженность материи вглубь.

В физических координатах G, h, C справедливо равенство

$$G m_g m_g = \hbar C \qquad 4.1$$

параметр массы есть:

$$m_g = \hbar^{1/2} G^{-1/2} c^{1/2} = \left(\frac{\hbar c}{G}\right)^{1/2}$$

Два параметра L_g, m_g определены разными комбинациями одних параметров.

Необходимо показать в связи с этим, что два предельных параметра сходятся в одной материальной субстанции. Воспользуемся формулой Ньютона.

$$E = G\frac{m_g{}^2}{L_g} = m_g c^2$$

Введем в формулу предельные параметры массы, получим:

$$E = \frac{\hbar C}{L_g} = m_g c^2$$

Формула преобразуется к виду $G m_g \dfrac{1}{c^2} = L_g$

Формула справедлива на более общий случай

$$E = \hbar C / L_i = m_i C^2$$

Формула Ньютона, определяющее взаимодействие двух масс на расстоянии L_i, дает энергию Е. Преобразованная формула даёт энергию микрочастицы.

Отношение произведения $\hbar C$ к гравитационной постоянной G, даёт постоянную величину, корень из которой даёт предельную массу Планка в граммах

$$\left(\frac{\hbar C}{G}\right)^{1/2} = m_g = 2.17*10^{-5} \text{ грамм}$$

Эта величина и является массой частиц, которые образуют среду Эфира.

Предельная масса Планка на 20 порядков больше массы микрочастицы. Это обуславливает её предельные размеры. Среда из этих частиц невидима. Отступление массы Планка от величины массы изменяет их прдельный размер,что привело бы к их видимости.

Определим линейный предельный параметр $L_g = \hbar / m_g c = 1.64*10^{-33}$ *см*

Квант времени вычисляется по формуле $t_g = (\hbar G)^{1/2} / c^{5/2} = 1.69*10^{-21}$ *сек*

Движение заряда $e_g = \sqrt{\hbar c}$ вызовет квант тока $J = \dfrac{e_g}{t_g} = 3.3*10^{12}$ *ампер*

Заряд из практических опытных замеров равен;

$$e = \frac{1}{\sqrt{\alpha}}\sqrt{c\hbar} = \frac{1}{\sqrt{\alpha}}(1.05*10^{-27}*2.997*10^{10})^{0,5} =$$

$$= \frac{1}{\sqrt{\alpha}}(3.16*10^{-17})^{0,5} \text{ ерг*см}$$

Постоянная тонкой структуры $\dfrac{1}{\alpha} = 137$. Корень из этой величины $\dfrac{1}{\sqrt{\alpha}} = 11{,}7047$

В результате имеем $e = \dfrac{1}{\sqrt{\alpha}} e_g$

Известный результат, однако он снимает мистику с постоянной тонкой структуры.

Разделим выражения правой и левой части формулы (4.1) на энергию микрочастицы $m_g c^2$.

$$\frac{Gm_g m_g}{m_g c^2} = Gm_g / c^2 = \frac{\hbar}{m_g c}$$

$$R_g = \frac{\hbar}{m_g c}$$

В результате формула (4.1) содержит известные формулы стандартной физики.

Все соотношения из пространства среды Эфира, микромира можно перенести в пространство макромира. Равенство (4.1) справедливо для массы m_g.

Для объектов М соотношение для этих масс необходимо скорректировать.

$$GMm_1 = c\hbar\left(\frac{M}{m_g}\right)\left(\frac{m_1}{m_g}\right)$$

$$G\frac{M}{c^2} = \frac{c\hbar}{m_g c^2}\left(\frac{M}{m_g}\right)$$

$$R_M = \frac{\hbar}{m_g c}\left(\frac{M}{m_g}\right)$$

$$R_M = R_g\left(\frac{M}{m_g}\right)$$

Эти примитивные расчёты находятся в согласии с результатами стандартной физики.

Имеем связь микромира и макромира. Макрообъекты имеют ипсилон туннели также как микрообъекты.

В соответствии с проведёнными выкладками стандартная физика даёт характеристики объекта в виде наличия у последнего вихревой основы ипсилон туннеля, через который проходит энергия движущихся предельных масс Планка. Известна величина предельных масс, рассчитывается размеры ипсилон туннеля, величина тока.

Геометрическая интерпретация материальных соотношений реализуются в пространстве комплексных чисел. Комплексные числа могут рассматривать бесконечно мерное числовое пространство. Иными словами координаты пространства закреплены числовыми единицами, количество которых неограниченно

Установлено пространство всех известных уровней: лептонного, электронного, кваркового и т.д. Связь уровней пространств показывает переход одного уровня в друго.

4.2. Геометризованное пространство микрочастиц на базе комплексного пространства

Пространство задаётся выражением

$$[\mathrm{Y}] = \mathrm{Re}^{i\varphi + j\psi + k\beta} \qquad 4.2$$

В геометризованном комплексном пространстве выбираем четыре устойчивых пространств микрочастиц; пространство протона, пространство электрона, лямбда гиперона, пространство пиона.

$$\begin{aligned}
[\mathrm{P}^+] &= 12 - 8kj + 2ji - 6ki \\
[\lambda^0] &= 20 - 10kj + 4ji + 10ki \\
[\pi^+] &= 8 + 2kj - 2ji + 4ki \\
[E^-] &= -2kj + 1ji + 1ki
\end{aligned} \qquad 4.3$$

Устойчивое пространство микрочастиц определено в пространстве трех координат и их начала. Начало системы координат фиксируется свободным членом. Оси координат: *kj, ji, ki*; образуют трёхмерную систему. Начало координат берётся на поверхности сферы. Микрочастицы и их массы отличаются друг от друга весовыми коэффициентами перед обозначенной координатой.

Геометризованное пространство можно считать четырёхмерным. Четвертым измерением является сфера как объект пересечения координатных осей.

Необходимо отметить, что из пространства других частиц не удаётся составить линейно независимую систему.

Система (4.3) представляет описание геометрической структуры микрочастиц в общем пространстве, без вскрытия его особенностей. Пространство $[Y]$ содержит подпространство делителей нуля $[\Gamma]$, которое характеризуется изолированным направлением и модулем равным корню из нуля.

Пространство делителей нуля $[\Gamma]$ адекватно пространству светового конуса. Этот факт говорит о неразрывной связи преобразований Лоренца с разработкой новой материализованной системой координат.

Преобразуя систему (4.3), правую часть, по законам комплексной алгебры получим систему для выражения структуры микрочастицы в пространстве $[Y]$ с выделенными направлениями, в качестве которых принимаем пространство делителей нуля $[\Gamma]$.

На примере напомним $\alpha i + \alpha j = \alpha(i + j) = \alpha\sqrt{0}e^{-jfarktgj} = \alpha e^{-ji}$ (обозначено) и так далее.

Световой конус (подпространство) $[\Gamma]$свёрнуто в ипсилон трубочку.

Световой луч интерпретируется как подпространство делителя нуля. Оси координат есть световые лучи, пересечение которых образует в начале координат сферу(четвертое измеренис)

Система (4.3) переходит в систему:

$$\begin{aligned}
\Psi_p &= -29e^{\gamma} + 105e^{-kj} + 14e^{ji} + 18e^{ki} \\
\Psi_\lambda &= -34e^{\gamma} + 108e^{-kj} + 16e^{-ji} + 18e^{ki} \\
\Psi_\pi &= 65e^{\gamma} - 3e^{-kj} - 2e^{ji} + 12e^{ki} \\
\Psi_E &= -4e^{\gamma} + 2e^{-kj} + e^{ji} + e^{ki}
\end{aligned} \qquad 4.4$$

Правая часть системы есть геометрическая интерпретация устойчивых пространств: протона, лямбда гиперона, пиона, электрона. Пространство фиксировано координатами e^{-kj}, e^{ji}, e^{ki}. Оси координат системы (4.3): *kj, ki, ji* преобразуются в цилиндрические ипсилон туннели. Пересечение осей координат даёт начало на сферической поверхности, радиус которой задаётся свободными членами системы. Свободный член e^{γ} даёт направление внутрь пространства, соответствующее направлению каждому направлению координатной оси.

Коэффициенты определяют протяжённость направлений по осям координат, характерных для пространства конкретной микрочастицы. Сумма коэффициентов с направлением e^{γ} образуют в пространстве начальную точку- ипсилон сферу.

Система (4.4) содержит четыре неизвестных: $e^{\gamma}, e^{-kj}, e^{ji}, e^{ki}$. Неизвестное e^{γ} при первом члене;

4.3. Изменение массы планка в зависимости от массы микрочастицы при её образовании.

Экспериментальные данные позволяют определить левую часть системы. Масса микрочастицы в 10^{20} раз меньше массы Планка. Этот экспериментальный факт необходимо учесть в расчёте.

Это достигается введением в формулу масс параметра $S_\mu c^2$, который учитывает изменение массы Планка в структуре микрочастицы.

$$G\frac{m_g^{\ 2}}{R_\mu} = 2m_g c^2 - \sqrt{\left[2m_g c^2\right]^2 - \left[S_\mu c^2\right]^2}$$

$$G\frac{m_g^{\ 2}}{R_\mu} = \frac{\left[S_\mu c^2\right]^2}{4m_g c^2} \qquad 4.5$$

$$S_\mu c^2 = \sqrt{G\frac{m_g^{\ 2}}{R_\mu}4m_g c^2} = 2m_\mu c^2\sqrt{\frac{R_\mu}{R_g}}$$

4.4. Расчёт знергии идущей по осям координат

Обменный квант $S_\mu c^2$ двух масс Планка m_g при равенстве $R_g = R_\mu$ равен: $S_\mu c^2 = 2m_g c^2$.

Расчёт по этим формулам (4.5) даёт значения левых частей системы (4.4).

$$67{,}527*10^{11} = -29e^{\gamma} + 105e^{-kj} + 14e^{ji} + 18e^{ki}$$

$$104.41*10^{11} = -34e^{\gamma} + 108e^{-kj} + 16e^{ji} + 18e^{ki}$$

$$26.11*10^{11} = 65e^{\gamma} - 3e^{-kj} - 2e^{ji} + 12e^{ki} \qquad 4.6$$

$$1.58*10^{11} = -4e^{\gamma} + 2e^{-kj} + e^{ji} + e^{kj}$$

Система составлена и рассчитана для устойчивых микрочастиц, Решение системы даёт следующие значения неизвестных:

$\sqrt{0}e^{-karktj} = 0.4667*10^{11}$ мэВ/см

$\sqrt{0}e^{jarkti} = -0.3471*10^{11}$ мэВ/см

$\sqrt{0}e^{karkngi} = 1.52*10^{11}$ мэВ/см 4.6а

$\sqrt{0}e^{i\varphi + j\psi + k\gamma} = 0.1317*10^{11}$ мэВ/см

Результаты расчётов обобщаются на материализованное пространство.

$$\left[S_g c^2\right] = 0.1317*10^{11}X_\varepsilon - 0.4667*10^{11}X - 0.3471*10^{11}Y + 1.52*10^{11}Z \qquad 4.7$$

Преобразуем формулу

$$S_g c^2 = G\frac{m_g^{\ 2}}{R_\mu}\sqrt{4\frac{R_\mu}{R_g}} = m_p c^2\sqrt{4\frac{3.86*10^{-11}*0{,}511}{1.64*10^{-33}*938{,}26}} = 0{,}0716 m_p c^2*10^{11}$$

В результате имеем

$$m_p c^2 = 14 * [0.1317X\varepsilon - 0.4667X - 0.3471Y + 1.52Z] =$$

$$= 14 * (-0.1317 * 29.8832 + 0.4667 * 105 - 14 * 0.3471 + 18 * 1.52) =$$

$$= 14 * 67.587 =\approx 938.2518$$

$m_p c^2 = 938.2518$ мэв

Рассчитаем массу электрона. Электрон в материализованном пространстве системы (4.6) представим $m_e c^2 = -4e^{\gamma} + 2e^{-kj} + e^{ji} + e^{ki}$

$$S_g c^2 = G\frac{m_g^{\ 2}}{R_e}\sqrt{4\frac{R_e}{R_g}} = m_e c^2\sqrt{4\frac{3.86 * 10^{-11}}{1.64 * 10^{-33}}} = 3.1 * 10^{11} m_e c^2$$

$$m_e c^2 * 3.1 * 10^{11} = [-4.023 * 0.13171 + 2 * 0.4647 - 1 * 0.3471 + 1 * 1.520807] * 10^{11} =$$

$$= m_e c^2 = 0.511$$

$m_e c^2 = 0.511$ мэВ.

Пион в материализованном пространстве системы (4.6) представим

$$m_\pi c^2 = 65e^{\gamma} - 3e^{-kj} - 2e^{ji} + 12e^{ki}$$

Коэффициенты направляющих осей координат взяты в геометризованном пространстве *(65,-3,-2,+12)*.

Направляющие осей координат $e^{\gamma}, e^{-kj}, e^{ji}, e^{ki}$ материализуются согласно системе (4.6а).

Проведём проверку

$$S_g c^2 = G\frac{m_g^{\ 2}}{R_\pi}\sqrt{4\frac{R_\pi}{R_g}} = m_\pi c^2 2\sqrt{\frac{1.4 * 10^{-13}}{1.64 * 10^{-33}}} = 0{,}186 * 10^{11} m_\pi c^2$$

$$m_\pi c^2 = 5.37[65 * 0.13171 - 3 * 0.4647 + 2 * 0.3471 + 12 * 1.520807] = 5.37 * 26{,}1 = 140{,}13$$

Формула (4.7) обобщается

$$m_\mu c^2 = (0{,}0596X_\varepsilon + 0.21146X - 0.15727Y + 0.689Z)^2 \text{ Мэв} \qquad 4.8$$

Координаты X_ε, X, Y, Z в см.

Материальное пространство имеет оси координат в виде ипсилон туннелей, в которые сворачивается пространство светового конуса (в математике это подпространство делителей нуля), Начало координат материального пространства образуется пересечением осей координат. Пересечение осей координат даёт сферу, которую обобщаем как четвёртое измерение.

Из формулы предельной массы $m_g = \left(\frac{\hbar c}{G}\right)^{\frac{1}{2}}$ имеем: $Gm_g^{\ 2} = \hbar c$

Элементарный заряд $e = \sqrt{\hbar c}$ Кулоновское взаимодействие в ε- туннеле равно

$$E = \frac{e^2}{R_\varepsilon} = \frac{\hbar c}{R_\varepsilon}$$

$$E = \frac{1.0544 * 10^{-27} * 3 * 10^{10}}{1.61 * 10^{-33}} = 1.956 * 10^{16} \text{ эрг} \cong 1{,}228 * 10^{22} \text{ мэв}$$

Исходная материальная среда пронизана ε-туннелями размером в сечении равным радиусу микрочастицы массой равной постоянной Планка $R_\varepsilon = 1.61*10^{-33} см$ *и энергией* $E_\varepsilon = 1.228*10^{22}$ *мэв.*

Энергия электрона $E_e = \dfrac{1.05*10^{-27}*3*10^{10}}{3.86*10^{-11}} =\approx 0.511 мэв$

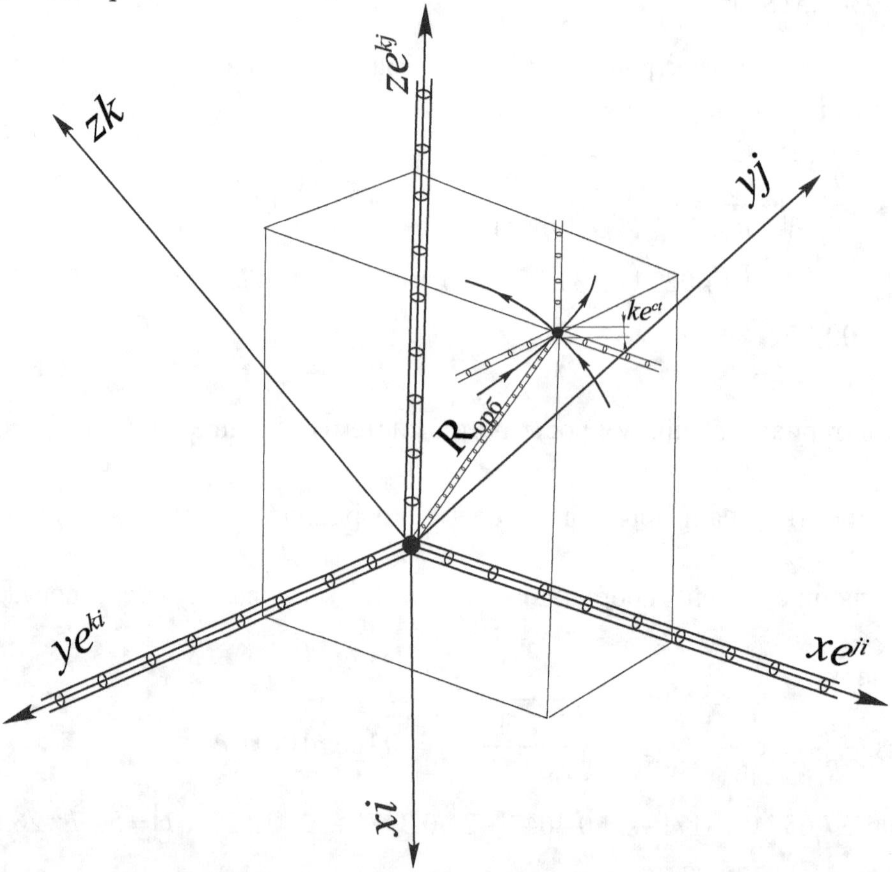

Рис 1. Материализованное *пространство.*

В итоге окончательно имеем:

$$m_\mu c^2 = [0.0659X_t + 0.233X - 0.174Y + 0,760Z]*\chi$$

$$\chi = \sqrt{\frac{1,61*10^{-11}}{R_\mu}}$$

Коэффициент χ корректирует величину энергии относительно предельного радиуса массы Планка.

Коэффициенты перед координатами в Мэв/см

Координаты $X_t, X, Y.Z$ в см. Взяты для каждой микрочастицы из геометризованного пространства.

Проверка окончательной формулы.

Энергия электрона.

$$m_e c^2 = [-0.0659*4 + 0.233*2 - 0.174*1 + 0.76*1]\sqrt{\frac{1.61*10^{-11}}{3.86*10^{-11}}} =$$

$$= 0.787*\sqrt{0.417} = 0.787*0.646 = 0.508$$

$$m_e c^2 = 0.508 мэв$$

Расхождение составило 0.003 мэв.

Структура пространства сопоставима с клеткой в биологии.

4.5. Оси координат материлизованного пространства

Материализованное пространство фиксируется четырьмя осями координат. Три оси сугубо комплексные, четвёртая ось имеет действительный модуль и действитеотный аргумент. Оси координат есть эпсилон туннели, по которым идёт световой энергетический поток Сечение эпсилон туннеля определяется энергией светового потока. Уровень энергии характерной для каждой из оси различен.

Четвёртая ось направлена вглубь материи.

Начало координат даётся пересечением четырёх координатных осей, представляющих эпсилон туннели, в результате образуется объект типа сферы.

Литература

1. П. А. М. Дирак. “К созданию квантовой теории поля. ”Москва. ”Наука”1990г.
2. В.И. Елисеев. “Числовое поле. Введение в методы теории функций пространственного комплексного переменного.” Москва, 2007г. ISBN 5-9900850-1-X
3. Понтрягин Л.С. Обобщение чисел, - М.: Наука, 1986.-120с (Б-ка "Квант". Вып. 54).
4. Б. Л. ван дер Варден. Алгебра - М.: Наука, 1979, 624с.

www.ingramcontent.com/pod-product-compliance
Lightning Source LLC
Chambersburg PA
CBHW081503170526
45166CB00008B/2538
9781470005023